Neslihan ÖZBEK
Tuncay KARAKURT

Novos derivados de imina: atividade antimicrobiana, dinâmica molecular

Neslihan ÖZBEK
Tuncay KARAKURT

Novos derivados de imina: atividade antimicrobiana, dinâmica molecular

Piperazina, Imina, antibacteriano, antifúngico, DFT, HOMO-LUMO

ScienciaScripts

Imprint

Cover image: www.ingimage.com

This book is a translation from the original published under ISBN 978-620-6-84574-4.

Publisher:
Sciencia Scripts
is a trademark of
Dodo Books Indian Ocean Ltd. and OmniScriptum S.R.L publishing group

120 High Road, East Finchley, London, N2 9ED, United Kingdom
Str. Armeneasca 28/1, office 1, Chisinau MD-2012, Republic of Moldova, Europe
Printed at: see last page
ISBN: 978-620-8-27776-5

Conteúdo

RESUMO

Foram utilizados métodos de química teórica e computacional para uma investigação mais aprofundada das estruturas moleculares dos compostos cujas estruturas foram elucidadas por análises espectroscópicas. Estes métodos incluíram uma série de caraterísticas, tais como optimizações geométricas, mapas de potencial eletrostático molecular (MEP), densidades de carga Mulliken, ESP, Hirshfeld e Gasteiger e caraterísticas das orbitais de fronteira (HOMO-LUMO). Estes cálculos foram efectuados utilizando a Teoria do Funcional da Densidade (DFT) e o teorema B3LYP e o conjunto de bases 6-31G(d, p).

Estes cálculos ajudaram-nos a compreender as propriedades químicas, os locais reactivos e as distribuições de electrões dos compostos. Em particular, observou-se que o composto 2OH5PMI pode ter duas formas tautoméricas diferentes, como a enol-imina e a ceto-amina. A estabilidade destas duas formas foi comparada e os cálculos IRC mostraram que a forma enol-imina é mais estável. Por conseguinte, todos os estudos teóricos foram efectuados sobre esta forma tautomérica mais estável.

Foram realizados estudos de docking molecular e de simulação de dinâmica molecular para determinar a possível atividade biológica dos compostos sintetizados contra bactérias. Estes estudos examinaram as suas interações com receptores dos organismos *Staphylococcus aureus* e *Escherichia coli*. Os resultados destas interações foram utilizados para avaliar as actividades inibitórias dos compostos.

Em conclusão, este estudo oferece uma abordagem abrangente que engloba a síntese, a caraterização e o exame pormenorizado das estruturas moleculares de compostos complexos. Além disso, inclui métodos de química computacional para avaliar as potenciais actividades biológicas destes compostos. Este trabalho representa uma abordagem abrangente destinada a gerar resultados significativos nos domínios da química e da biologia.

CAPÍTULO 1

Introdução

Bases de Schiff e suas propriedades gerais

A reação de condensação que ocorre como resultado da reação de aldeídos ou cetonas com grupos amina é designada por base de Schiff. A ligação dupla formada entre os átomos de carbono e de azoto é designada por base de Schiff ou composto imínico. Esta ligação é também designada por ligação azometina. A ligação formada pela reação da amina com o aldeído é chamada azometina (aldimina), e a ligação formada pela reação da amina com a cetona é chamada imina (cetimina) [1; 2].

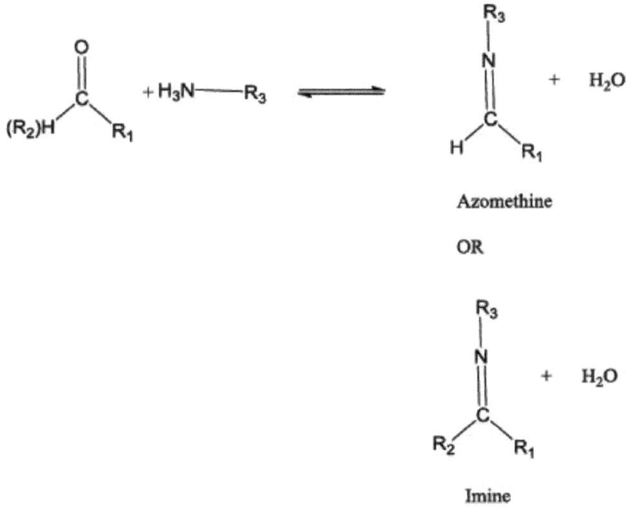

Azomethine

OR

Imine

As bases de Schiff consistem geralmente em duas etapas: etapas de adição e de dissociação. O valor do pH do ambiente é muito importante nas reacções de formação das bases de Schiff. Geralmente, a reação ocorre rapidamente na gama de acidez de pH 4 e 5 [3].

Primeiro passo:

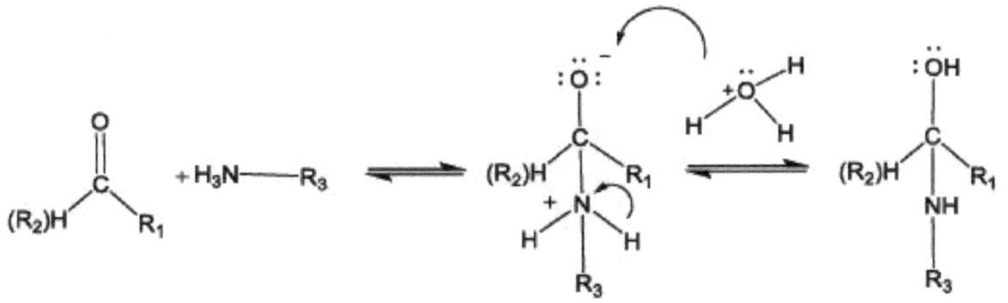

Figure 1. . Mecanismo de formação da 1ª etapa da base de Schiff

Segundo passo:

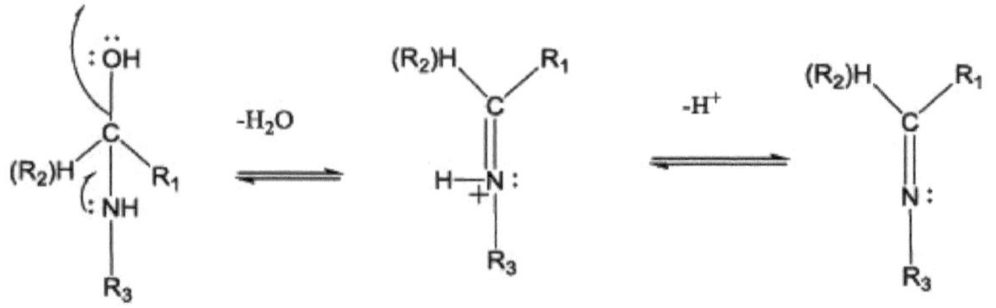

$$(R_2)H\!-\!C(R_1)(\ddot{O}H)(\ddot{N}H\!-\!R_3) \xrightleftharpoons{-H_2O} (R_2)H(R_1)C\!=\!\overset{+}{N}H\!-\!R_3 \xrightleftharpoons{-H^+} (R_2)H(R_1)C\!=\!\ddot{N}\!-\!R_3$$

Figure 2. Mecanismo de formação da segunda etapa da base de Schiff

As bases de Schiff podem ser sintetizadas em condições de reação adequadas e em diferentes solventes. Quando o etanol é utilizado como solvente, as reacções que ocorrem à temperatura ambiente e sob refluxo dão bons resultados. Além disso, a presença de substâncias hidrófobas, como o carbonato de sódio, no ambiente facilita a formação do composto imina [4].

Classificação das bases de Schiff

Na figura xx são apresentados exemplos de reacções para a classificação de compostos imínicos.

*

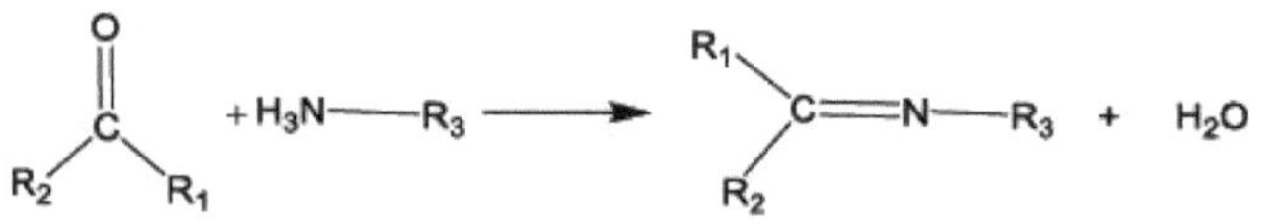

$$R_2(R_1)C\!=\!O + H_3N\!-\!R_3 \longrightarrow R_1(R_2)C\!=\!N\!-\!R_3 + H_2O$$

Iminas obtidas pela reação de uma amina primária.

*

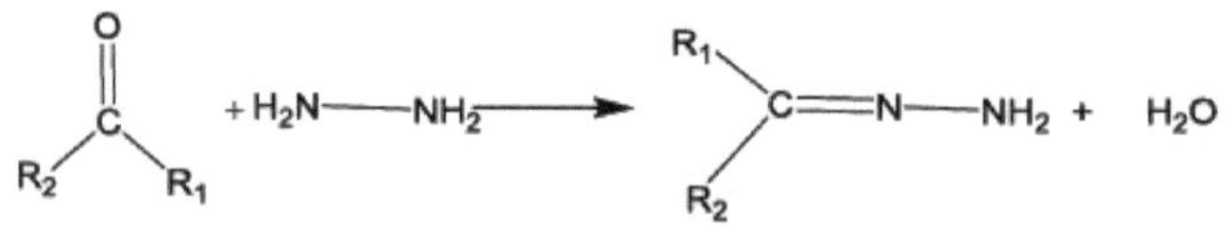

$$R_2(R_1)C\!=\!O + H_2N\!-\!NH_2 \longrightarrow R_1(R_2)C\!=\!N\!-\!NH_2 + H_2O$$

Iminas (hidrazona) obtidas pela reação de hidrazina

*

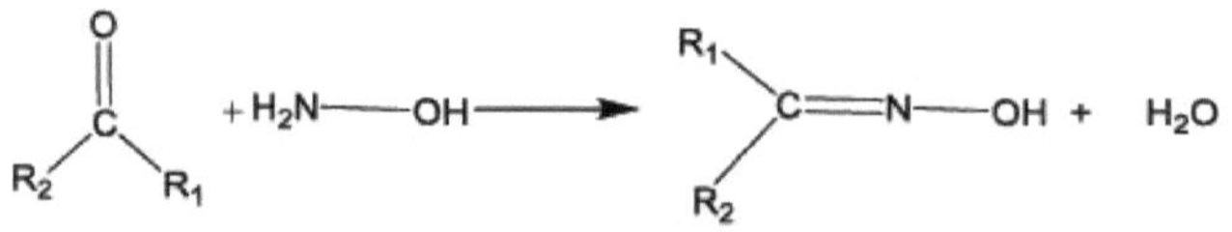

$$R_2(R_1)C\!=\!O + H_2N\!-\!OH \longrightarrow R_1(R_2)C\!=\!N\!-\!OH + H_2O$$

Iminas (oxi-iminas) obtidas pela reação de hidroxilaminas

As oximas constituídas por aldeídos são designadas por aldoximas e as oximas constituídas por cetonas são designadas por cetoximas.

Papel biológico das bases de Schiff

Várias actividades biológicas dos compostos de base de Schiff foram documentadas na literatura, incluindo propriedades antibacterianas (**Figura** x), anti-inflamatórias (Figura xxx) e antifúngicas (Figura xx) [5-8].

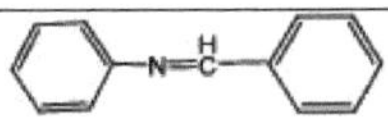	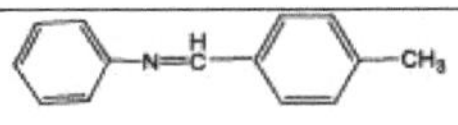	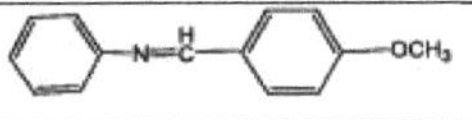
N-benzilisdeneanilina	N-(4-metilbenzilideno)anilina	N-(4-metoxibenzilideno)anilina e
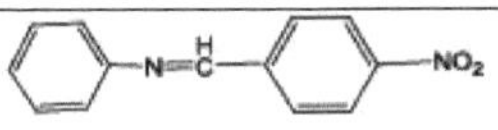	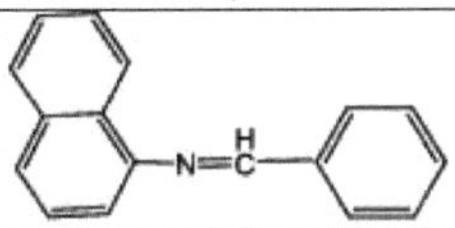	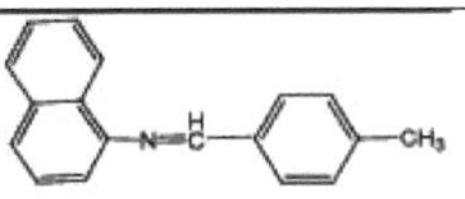
N-(p-nitrobenzilideno)anilina	benzilideno-naftaleno-1 -il-amina	(4-metil-benzilideno)-naftaleno-1-il-amina
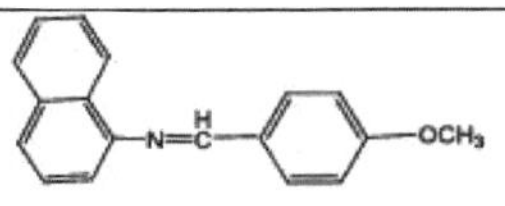	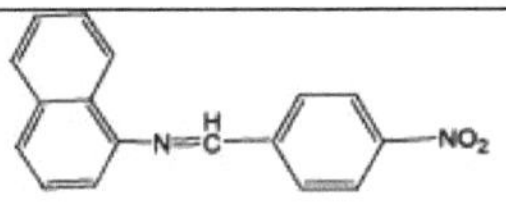	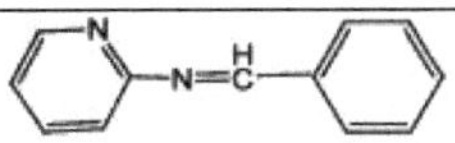
(4-metoxi-benzilideno)-naftaleno-1-il-amina	(4-nitro-benzilideno)-naftaleno-1-il-amina	benzilideno-piridin-2-il-amina
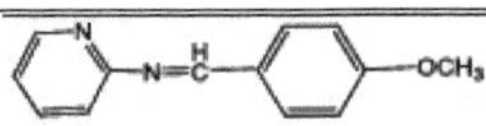	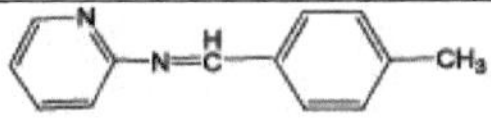	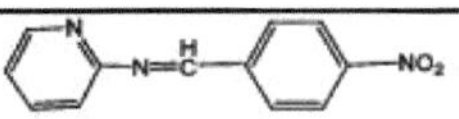
(4-metoxi-benzilideno)-piridina -2-il-amina	(4-metil-benzilideno)-piridina-2-il-amina	(4-nitro-benzilideno)-piridina -2-il-amina

Tabela 1. Algumas amostras de bases de Schiff com atividade antibacteriana

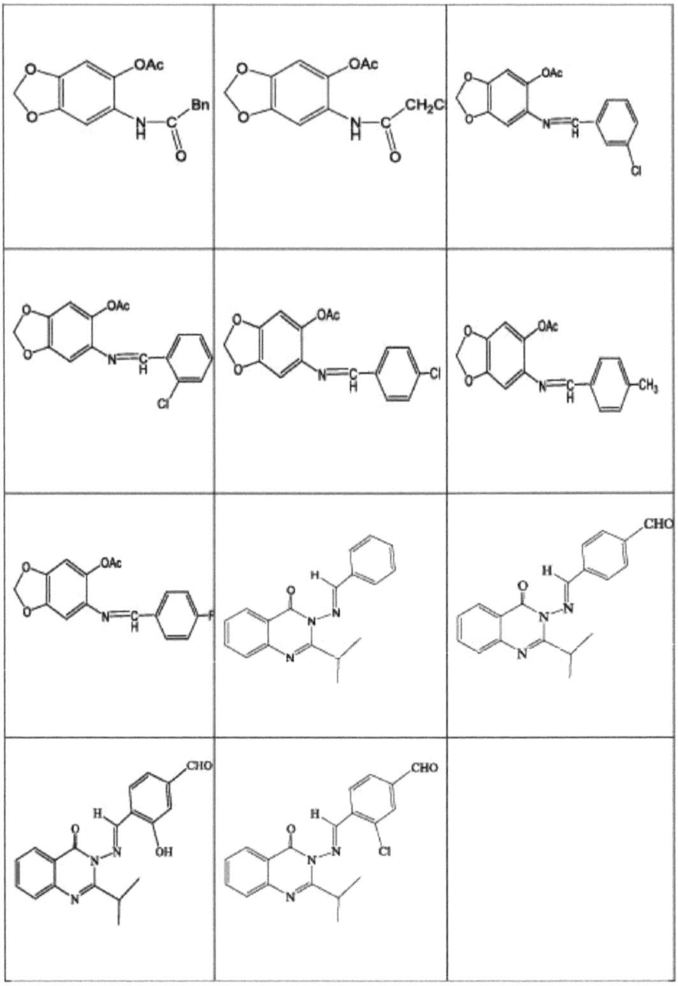

Tabela 2. Algumas amostras de bases de Schiff com atividade antifúngica

CAPÍTULO 2

Experimental

Materiais

A piperazina, o hidrato de hidrazina, o cloroacetato de etilo, o carbonato de potássio, a 4-bromoacetofenona, a 5-bromo-2-hidroxiacetofenona (todos da Sigma-Aldrich) e os solventes (todos da Merck) foram utilizados sem purificação adicional. Todos os produtos químicos e solventes utilizados na síntese eram de qualidade analítica.

Medições físicas

As análises elementares (C, H, N e S) foram efectuadas num analisador elementar do tipo LECO CHNS 9320. ^{1}Os espectros H-NMR e^{13} C-NMR foram registados num aparelho Bruker Spectrospin Avance DPX-400 Ultra-Shield. O TMS foi utilizado como padrão interno e o DMSO deuterado como solvente. Os espectros de IV (4000-400 cm-1) foram registados num espetrofotómetro Mattson 1000 FT-IR com amostras preparadas como pastilhas de KBr. O LC/MS-APCI foi registado num espetrómetro LC/MS-High Resolution Quadrupole Mass Time-of-Flight (Q-TOF) (HRMS). Os pontos de fusão foram medidos utilizando um aparelho Opti Melt. A TLC foi efectuada em placas de gel de sílica de 0,25 mm (60F254, Merck).

Síntese

Ácido 1,4-piperazinediacético, éster 1,4-dietílico

O éster 1,4-dietílico do ácido 1,4-piperazinodiacético foi preparado de acordo com um método da literatura [9]. Uma solução etanólica de piperazina (5,1 g, 59,2 mmol) foi adicionada gota a gota a uma solução etanólica de cloroacetato de etilo (14,50 g, 118,4 mmol) e carbonato de potássio (8,18 g, 59,2 mmol) mantendo a temperatura a cerca de 323 K. Em seguida, a mistura foi agitada durante 24 h à temperatura ambiente. Após a conclusão da reação, o solvente foi destilado e o resíduo foi vertido em água gelada. O sólido precipitado foi filtrado, seco e recristalizado a partir de solventes apropriados. O composto sintetizado foi purificado com solventes adequados. A pureza do composto foi verificada por TLC.

Ácido 1,4-piperazinediacético, 1,4-di-hidrazida

O ácido 1,4-piperazinediacético, 1,4-dihidrazida foi preparado de acordo com um método da literatura [10]. O ácido 1,4-piperazinediacético, éster 1,4-dietílico (1,5 g, 5,8 mmol) em etanol (30 mL) foi adicionado gota a gota a uma solução de hidrato de hidrazina (3,0 mL) em etanol, enquanto a temperatura foi mantida entre 268-273 K. A mistura foi agitada durante 24 horas, enquanto a conclusão da reação foi monitorizada por TLC e, em seguida, o solvente foi evaporado. O composto bruto incolor foi purificado em etanol/água (4:1) por cromatografia em coluna e, em seguida, o produto foi recristalizado a partir de uma mistura de etanol/água (3:1).

Bis(N'-((E)-1 -(4-bromofenil)etilideno) acetohidrazida de 2'-(piperazina-1,4-

diilo) 4PMI

A solução de ácido 1,4-piperazinediacético, 1,4-dihidrazida (1,2 g, 5,2 mmol) em 20 mL de etanol/água (4:1) foi misturada com uma solução quente (50° C) de 4-Bromoacetofenona (2,07 g, 10,4 mmol) em 30 mL de etanol e agitada durante 24 h à temperatura ambiente [11]. O produto precipitado foi cristalizado a partir da mistura etanol/água (3:1). O sólido cristalino branco foi seco em vácuo e armazenado em vapor de etanol. Os resultados da análise elementar foram apresentados **na Tabela** 3 e **na Figura 3**. A equação da reação é dada a seguir:

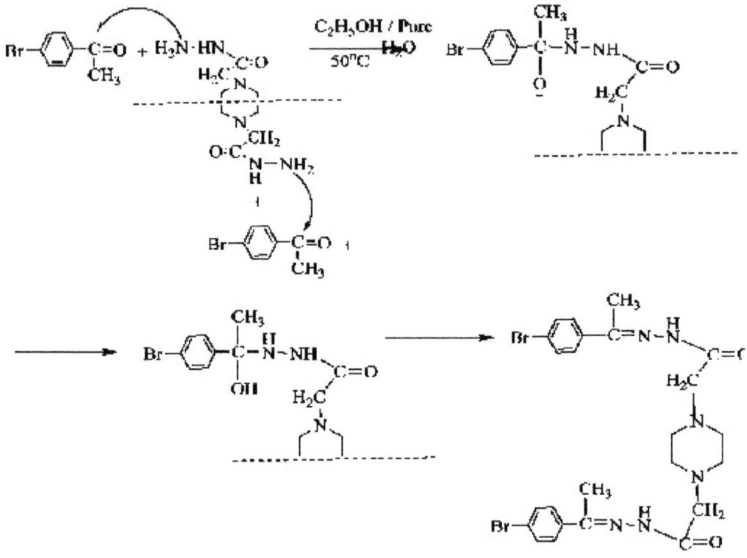

***2,2'-(piperazina-1,4-diil)bis(N'-((E)-1-(5-bromo-2-hidroxifenil)etilideno) acetohidrazida)* 2OH5PMI**

A solução de ácido 1,4-piperazinediacético, 1,4-dihidrazida (1,2 g, 5,2 mmol) em 20 mL de etanol/água (4:1) foi misturada com uma solução quente (50° C) de 5-Bromo-2-hidroxiacetofenona (2,23 g, 10,4 mmol) em 30 mL de etanol e agitada durante 24 h à temperatura ambiente [12]. O produto precipitado foi cristalizado a partir da mistura etanol/água (4:1). O sólido cristalino branco foi seco em vácuo e armazenado em vapor de etanol. Os resultados da análise elementar foram apresentados **na Tabela 3** e **na Figura 3**. A equação da reação é a seguinte

Tabela 3. Dados da análise elementar de todos os compostos

Comp.	Química Fórmula	C%		H%		N%		O%	
		Exp.	Calc .	Exp .	Calc .	Exp.	Calc .	Exp .	Calc .
4PMI	**C24H28N6O2**	49.55	48.67	4.66	4.76	13.88	14.19	5.32	5.40
2OH5PMI	**C24H28N6O4**	46.89	46.17	4.62	4.52	13.85	13.46	9,88	10.25

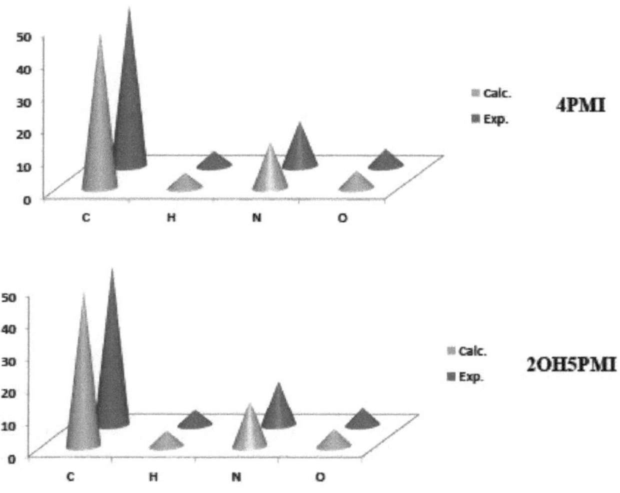

Figure 3. Dados da análise elementar de 4PMI e 2OH5PMI

Procedimento para a atividade antibacteriana

Pseudomonas aeruginosa ATCC 27853, *Aeromonas hydrophila* ATCC 7966, *Escherichia coli* ATCC 25922, *Staphylococcus aureus* ATCC 29213, As culturas de *Enterococcus faecalis* ATCC 29212 e *Staphylococcus epidermidis* ATCC 12228 foram obtidas na Universidade Kirsehir Ahi Evran, Departamento de Biologia, e as estirpes bacterianas foram cultivadas durante a noite a 310 K num caldo nutritivo. Durante o estudo, estas culturas de reserva foram armazenadas no escuro a 277 K. Os inóculos de microrganismos foram preparados a partir de culturas em caldo e as suspensões foram ajustadas para uma turvação padrão de 0,5 McFarland.

Método de difusão em disco

O 4PMI e o 2OH5PMI foram dissolvidos em dimetilsulfóxido (DMSO) para uma concentração final de 10,0 mg mL^{-1} e esterilizados por filtração com filtros millipore de 0,45 цт. Os testes antimicrobianos foram então realizados pelo método de difusão em disco usando 100 ^L de suspensão contendo 108 UFC mL^{-1} bactérias que foram espalhadas em Mueller-Hinton Agar. Os discos (6 mm de diâmetro) impregnados com 40 ^L de cada composto (400 цд/disco) na concentração de 10,0 mg mL^{-1} e colocados no ágar inoculado [13]. Os discos impregnados de DMSO foram utilizados como controlo negativo. A ampisilina foi utilizada como controlo positivo para determinar a sensibilidade de uma estirpe/isolado em cada espécie microbiana testada. As placas inoculadas foram incubadas a 37° C durante 24 h para os isolados de estirpes bacterianas. A atividade antimicrobiana no ensaio de difusão em disco foi avaliada através da medição da zona de inibição contra os organismos testados. Cada ensaio nesta experiência foi repetido duas vezes. A percentagem de inibição foi calculada comparando a distância da amostra com a distância da Ampisilina como padrão [25].

Concentração inibitória mínima

As concentrações inibitórias mínimas (CIM) foram determinadas pelo método de microdiluição em caldo seguindo os procedimentos recomendados pelo National Committee for Clinical Laboratory Standards [14]. Os valores da concentração inibitória mínima (CIM) dos derivados da piperazina e dos seus complexos foram determinados utilizando a modificação do método de ensaio de diluição em micropoços.

Foram adicionados aos primeiros poços 100 µL dos compostos de ensaio, inicialmente preparados a uma concentração de 10000 ^g mL^{-1} . Em seguida, 100 ^L das diluições em série foram transferidos para dez poços consecutivos. O conteúdo dos poços foi misturado e as microplacas foram incubadas a 37° C durante 24 h para as bactérias. Os compostos foram testados duas vezes contra cada microrganismo. Os valores obtidos são a média dos dois resultados. Os valores de CIM foram determinados a partir de exames visuais como a concentração mais baixa dos extractos nos poços sem crescimento bacteriano [15].

Atividade antifúngica (*in vitro*)

As actividades antifúngicas de todos os compostos foram estudadas [16] contra duas estirpes de fungos (*C. tropicalis ATCC M007 e C. parapsilosis ATCC M006*). O ágar Sabouraud dextrose foi semeado com 105 (ufc) mL^{-1} suspensões de esporos fúngicos e transferido para placas de Petri. Os discos embebidos em 20 mL dos compostos foram colocados em diferentes posições na superfície do ágar. As placas foram incubadas a 303 K durante 48 h. Os resultados foram registados como % de idade de inibição e comparados com o medicamento padrão Ampisilin.

3. Resultados e discussão

Neste estudo, foram sintetizados dois compostos originais (4PMI e 2OH5PMI) que contêm derivados de piperazina. Toda a estrutura, LC-MS, FT-IR,^{1} H-NMR,^{13} C-NMR e análises elementares foram determinadas.

Espectros FTIR de 4PMI e 2OH5PMI

Os espectros FT-IR do 4PMI e do 2OH5PMI são apresentados na **Figura 4-5**, respetivamente. Como se pode ver na **Figura 4**, a banda caraterística de estiramento O-H é observada a 3296,1 cm^{-1} . Outras bandas de estiramento são observadas a 3144,6 cm^{-1} (N-H), 2929,5 cm^{-1} (CH: aromático), 1650,05 cm^{-1} (C=O; amida), 1487,2 cm^{-1} (C=C: aromático).

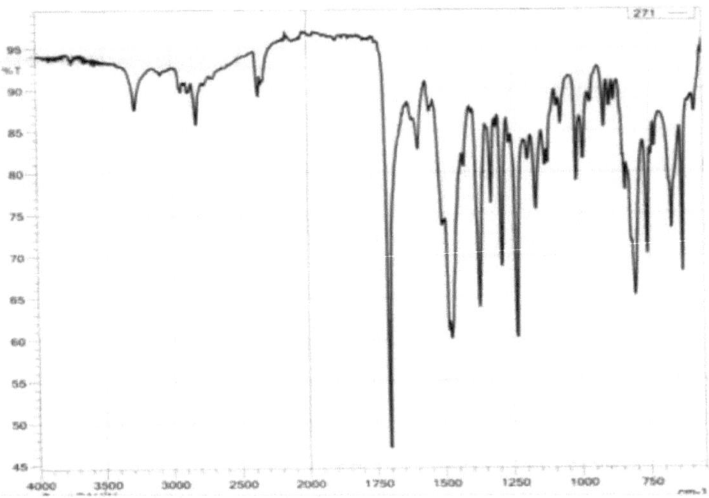

Figura 4 . Espectro FT-IR do 4PMI

Como se pode ver na **Figura 5**, a banda caraterística de estiramento O-H é observada a 3408,2 cm^{-1} . Outras bandas de estiramento são observadas a 3298,1 cm^{-1} (N-H), 2957,3 cm^{-1} (CH: aromático), 1589,2 cm^{-1} (C=O; amida), 1420,4 cm^{-1} (C=C: aromático).

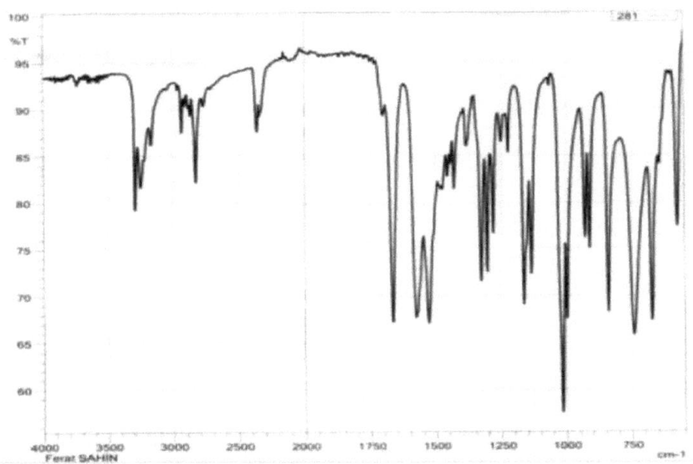

Figura 5. Espectro FT-IR do 2OH5PMI

Espectros LC-MS das moléculas de 4PMI e 2OH5PMI

Os espectros LC-MS de 4PMI e 2OH5PMI são apresentados nas **Figuras 6-7,** respetivamente. Todos os iões moleculares; [M]+, [M+H]+ ou [M-H]- das bases de Schiff foram detectados na condição LC-MS(ES). Como se pode ver na **Figura 6**, os picos de iões moleculares são observados a m/z (%intensidade): 591.05757 (100%) [M+]. Os outros picos são determinados em 589.05897 (49 %) $[M\text{-}2H]^+$, 592.05936 (27%) $[M+H]^+$ e 593.05633 (53%) [M+2H] .$^+$

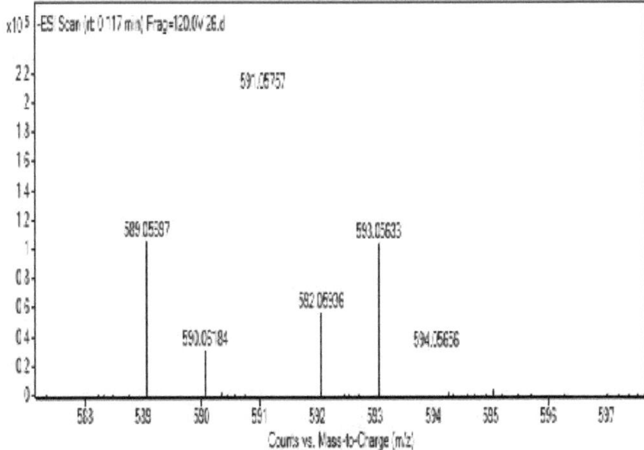

Figura 6. Espectro LC-MS da molécula 4PMI

O espetro LC-MS das moléculas de 2OH5PMI é apresentado na **figura 7**. O pico do ião molecular [M-H]+, [M-3H]+ [M+H]+ é observado como pico de base em

623,04744 (100%), 621,04885 (49%), 625,04584 (51%), (m/z) .

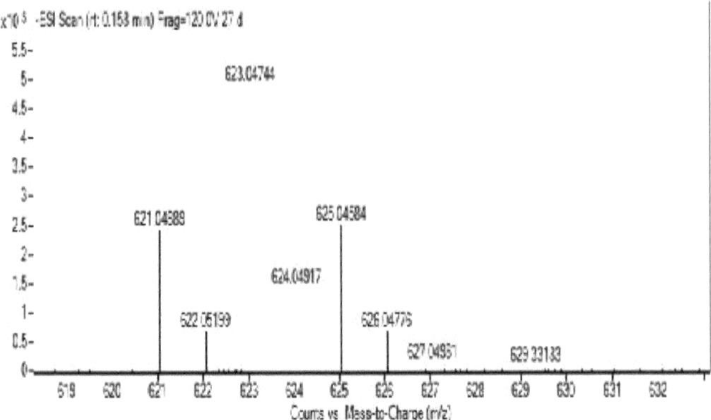

Figura 7. Espectro LC-MS da molécula 2OH5PMI

Espectros de análise por RMN das moléculas de 4PMI e 2OH5PMI

Os espectros ^{1}H-NMR das moléculas 4PMI e 2OH5PMI estão representados na **Figura 8-9**. Os protões do metileno são observados a 3,3 ppm, 3,5 ppm como singleto, respetivamente. Os protões da piperazina apareceram a 3,1 (m, 4H) e 3,18 (m, 4H) ppm; 3,16 (m, 4H) e 3,22 (m, 4H) ppm, respetivamente. Os sinais aparecem em torno de 7,12-8,62 devido ao anel aromático. Os grupos NH e OH apresentam picos a 11,2 (s,H) ppm , 11,5 (s, H); 11,3 (s,H) ppm , 11,6 (s, H) respetivamente.

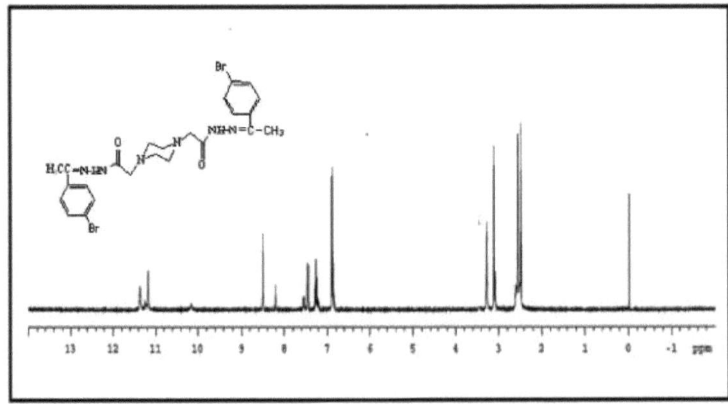

Figura 8:^{1} Espectro de RMN de H da molécula 4PMI

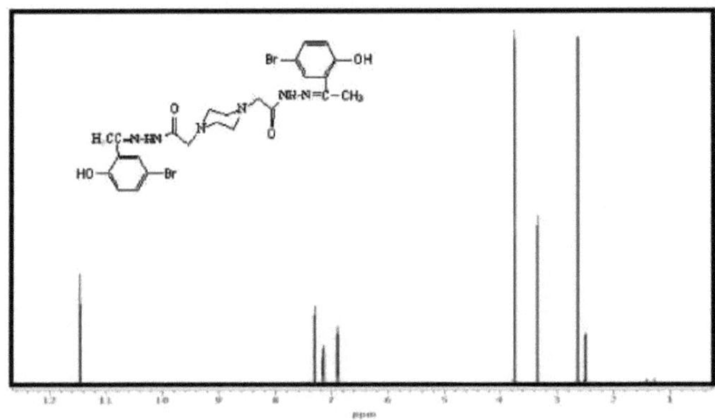

Figura 9:^{1} Espectro de RMN de H da molécula 2OH5PMI

Os espectros 13C-NMR das moléculas 4PMI e 2OH5PMI estão representados na **Figura 10-11.** O pico do anel piperazina foi observado a 53,6 ppm, o grupo metileno a 6,21 ppm e o grupo carbonilo a 164,99; 30,0 ppm, 56,9 ppm, 204,8 ppm, respetivamente, como se pode ver na **Figura 10-11.**

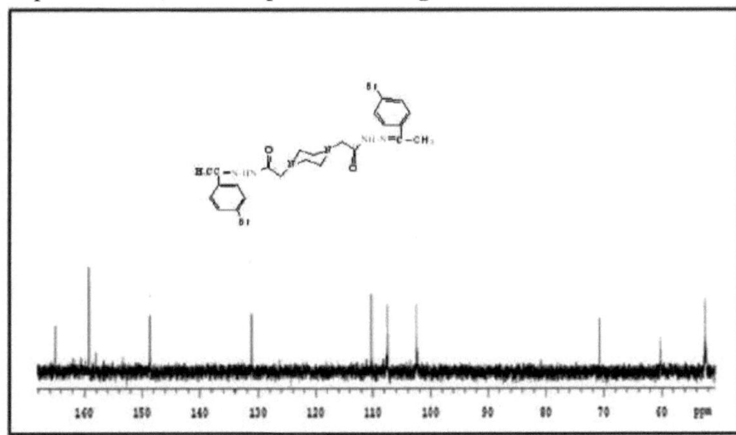

Figura 10:^{13} Espectro de RMN de C da molécula4PMI

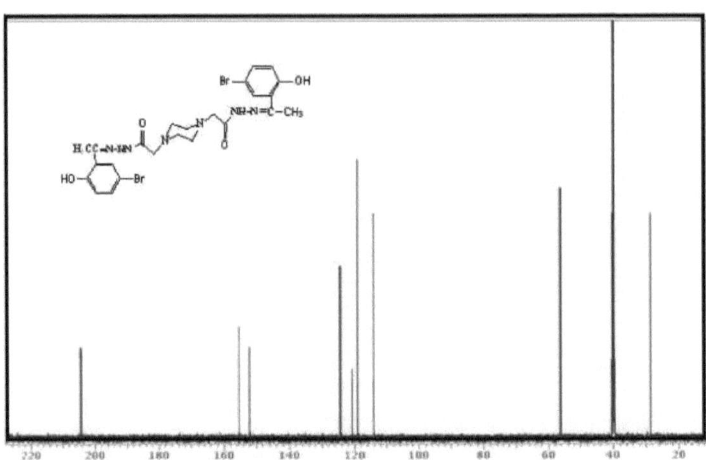

Figura 11:[13] Espectro de RMN de C da molécula 2OH5PMI

Resultados da atividade antimicrobiana

As moléculas 4PMI e 2OH5PMI foram investigadas quanto às suas actividades antibacterianas contra três espécies Gram-positivas *(Staphylococcus aureus* ATCC 29213, *Enterococcus faecalis* ATCC 29212, *Staphylococcus epidermidis* ATCC 12228*)* e três espécies Gram-negativas *(Pseudomonas aeruginosa* ATCC 27853, Aeromonas hydrophila ATCC 7966, Escherichia coli ATCC 25922*) de* estirpes bacterianas por difusão em disco; *Pseudomonas aeruginosa* ATCC 27853, *Aeromonas hydrophila* ATCC 7966, *Escherichia coli* ATCC 25922, de estirpes bacterianas pelos métodos de difusão em disco e de microdiluição. Os resultados antibacterianos foram apresentados no **Quadro 4** pelos métodos de difusão em disco e no **Quadro 5** pelos métodos de microdiluição. Os resultados foram comparados com os dos medicamentos padrão ampisilina e estreptomicina **(Figura 12).**

Os resultados do ensaio de difusão em disco mostram evidentemente que o 2OH5PMI tem uma atividade moderada contra a *P. aeruginosa* na zona de diâmetro de 14 mm, ao passo que a estreptomicina, o medicamento utilizado como padrão, foi considerado menos ativo (12 mm) contra as bactérias acima mencionadas.

Tabela 4 . Diâmetro medido da zona de inibição (mm) das moléculas 4PMI e 2OH5PMI

Compostos	*Gram-negativo*			*Gram-positivo*		
	P. aeruginosa ATCC 27853	*A.hydrophila* ATCC 7966	*E. coli* ATCC 25922	*S. aureus* ATCC 29213	*E. faecalis* ATCC 29212	*S. epidermidis* ATCC 12228
4PMI	13	10	11	10	10	10
2OH5PMI	14	12	12	11	11	11

Ampisilina	16	16	12	18	10	15
Estreptomicina	12	11	13	10	10	10

A percentagem de inibição para os compostos mostrados na **Figura 12** é expressa como atividade excelente (120-200% de inibição), boa atividade (90-100% de inibição), atividade moderada (75-85% de inibição), atividade significativa (50-60% de inibição), atividade negligenciável (20-30% de inibição) e nenhuma atividade. Como se pode ver na **Figura 12**, a molécula 4PMI apresenta uma boa atividade contra as bactérias Gram-negativas *E.coli* (91,6%) *e P. aeruginosa* (81,25%), respetivamente. (A inibição de 100% da ampisilina é aceite).

Figura 12. Percentagem de inibição dos compostos contra a Ampisilina

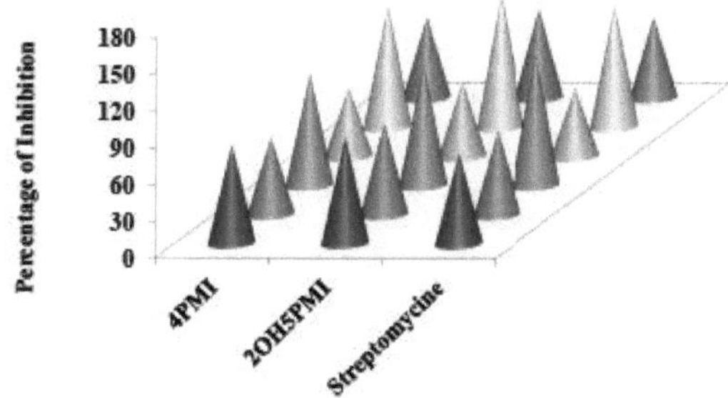

A concentração inibitória mínima (CIM) foi determinada para os compostos de teste, bem como para o padrão de referência em termos de g/mL e os dados da atividade antimicrobiana estão resumidos na **Tabela 5**. De acordo com o resultado da CIM apresentado na **Tabela 5**, as moléculas 4PMI e 2OH5PMI possuem um amplo espetro de atividade contra as bactérias testadas nas concentrações de 78,25 312,5 ^g/mL.

Tabela 5 . As CIM da atividade antibacteriana das moléculas 4PMI e 2OH5PMI

Estirpe de bactéria				
Gram-negativo	**MICgg/mL**			
	L1	**L2**	**Ampisilina**	**Estreptomicina**
P. aeruginosa ATCC 27853	156,25	78,25	93.75	46.87
A.hydrophila ATCC 7966	78,125	78,25	93.75	93.75
E.coli ATCC 25922	156,25	156,25	93.75	93.75
Gram-positivo				
5. aureus ATCC 29213	312,5	156,25	46,87	46.87
E. faecalis ATCC 29212	312,5	312,5	93,75	93,75
5. epidermidis ATCC 12228	156,25	312,5	46,87	93.75

Bioensaio antifúngico

Os estudos antifúngicos de todos os compostos sintetizados foram efectuados em estirpes de fungos *C. tropicalis ATCC M007 e C. parapsilosis ATCC M006* (**Tabela 6**) de acordo com o protocolo da literatura [7]. Os resultados obtidos do rastreio antifúngico foram comparados com os dos medicamentos padrão, ampisilina e estreptomicina (**Tabela 7**, **Figura 13**). A partir dos resultados da atividade antifúngica, todos os compostos exibiram uma excelente inibição contra *C. tropicalis* e *C. parapsilosis* com discos de 10-17 mm do que os medicamentos padrão **Ampisilina** (8-9 mm) e **Estreptomicina (10-11)**.

Tabela 6. Atividade antifúngica das moléculas 4PMI e 2OH5PMI

Compostos	*C. tropicalis ATCC M007C .*	*parapsilosisATCC M006*
4PMI	1012	
2OH5PMI	1517	
Estreptomicina	1011	
Ampisilina		89

Tabela 7. Comparação da atividade antifúngica das moléculas 4PMI e 2OH5PMI

		Inibição %
Compostos	*C. tropicalis ATCCM007C .*	*parapsilosisATCC M006*
4PMI		125133 .3
2OH5PMI		187. 5188.8
Estreptomicina		125122 .2

Figura 13. Percentagem de inibição dos compostos contra a Ampisilina

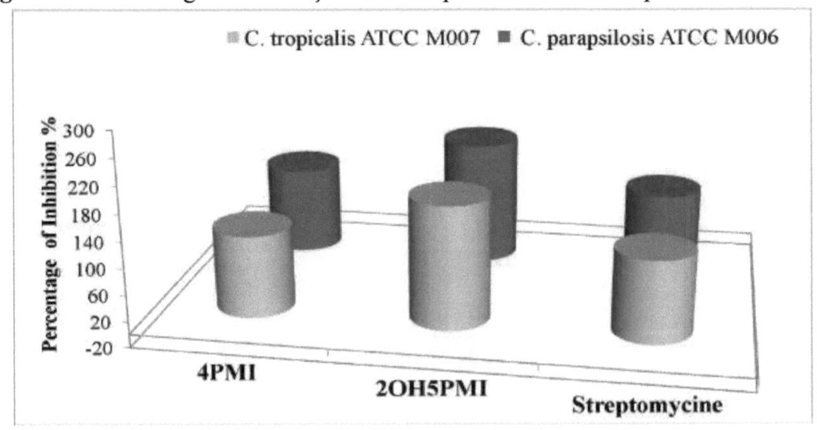

Cálculos teóricos

Foram efectuadas simulações de desenho molecular e de dinâmica dos compostos sintetizados. A conceção molecular é o processo de conceção de novas moléculas com as propriedades desejadas. Isto pode ser feito utilizando uma variedade de métodos computacionais, como a química quântica e a mecânica molecular. As simulações dinâmicas são utilizadas para estudar o comportamento das moléculas ao longo do tempo. Isto pode ser utilizado para compreender como as moléculas interagem entre si e com o seu ambiente.

Foi efectuado um desenho molecular utilizando o programa Gaussian 09 [17] e o conjunto de bases 6-31G(d,p) [18] com a teoria da densidade funcional DFT/B3LYP [19,20].

O Gaussian 09 é um pacote de software de química quântica que pode ser utilizado para calcular as propriedades das moléculas. O DFT/B3LYP é um método da teoria do funcional da densidade que é amplamente utilizado para calcular a estrutura eletrónica das moléculas. O conjunto de bases 6-31G(d,p) é um conjunto de funções matemáticas que são utilizadas para representar as orbitais dos átomos numa molécula.

O programa Discovery Studio Visualizer [21] foi utilizado para mostrar as interações recetor-ligando e o programa PyRx [22], que inclui o software AutoDockVina [23], que utiliza o algoritmo de pontuação do processo de rastreio virtual para a acoplagem molecular.

O PyRx é um pacote de software que pode ser utilizado para uma variedade de tarefas de biologia molecular, incluindo o acoplamento molecular. O acoplamento molecular é uma técnica utilizada para prever a forma como uma molécula ligante se ligará a uma molécula recetora. O AutoDockVina é utilizado para efetuar cálculos de energia de ligação e processos de acoplamento conformacional de ligandos. O Discovery Studio Visualizer é um programa que efectua a visualização e análise tridimensional de estruturas bioquímicas complexas. Este software é utilizado para examinar, analisar e visualizar as estruturas e interações de biomoléculas, tais como proteínas, ácidos nucleicos e compostos químicos.

Os estudos de simulação de dinâmica molecular foram efectuados com os programas Gromacs [24] e AmberTools [25].

O Gromacs e o AmberTools são dois pacotes de software populares para simulações de dinâmica molecular. O Gromacs é conhecido pela sua rapidez e eficiência, enquanto o AmberTools é conhecido pela sua exatidão.

Em termos gerais, o trabalho que apresentamos descreve um fluxo de trabalho computacional para a conceção e o estudo de novas moléculas. O fluxo de trabalho inclui as seguintes etapas:

- Conceção molecular utilizando software de química quântica.
- Docagem molecular para prever a forma como as moléculas concebidas se ligarão a um recetor-alvo.
- Simulações de dinâmica molecular para estudar o comportamento das moléculas projectadas ao longo do tempo.

Este fluxo de trabalho pode ser utilizado para conceber novos medicamentos, materiais e outros tipos de moléculas.

Varrimento de superfície de energia potencial (PES)

A análise de superfície da energia potencial é uma técnica que mostra como a energia potencial total de um sistema se altera em função de duas ou mais variáveis. Esta técnica é utilizada em vários domínios, como a química, a ciência dos materiais, a bioquímica e a física.

A exploração de superfícies de energia potencial é utilizada para determinar as posições de um conjunto de pontos utilizados para calcular a energia de um sistema. Estes pontos são frequentemente dados como uma função de duas ou mais variáveis. Por exemplo, a superfície de energia potencial de uma molécula pode ser representada como uma função das posições dos átomos na molécula.

A análise da superfície de energia potencial pode ser utilizada para determinar os estados estáveis e instáveis de um sistema. Os estados estáveis são pontos em que a energia potencial do sistema está num mínimo, enquanto os estados instáveis são pontos em que a energia potencial é mais elevada do que nos pontos com um máximo ou mínimo.

A exploração da superfície de energia potencial também pode ser utilizada para comparar diferentes estruturas de um sistema. Por exemplo, ao comparar as energias potenciais de diferentes conformações de uma molécula, podemos determinar a conformação mais estável da molécula.

A exploração da superfície de energia potencial pode ser efectuada de várias formas, incluindo:

1. Simulações de Monte Carlo: Estas simulações calculam a energia potencial do sistema em pontos selecionados aleatoriamente.
2. Programação linear: Esta técnica é utilizada para encontrar pontos onde a energia potencial do sistema é mínima.
3. Derivadas parciais: Esta técnica é utilizada para determinar a forma como a energia potencial do sistema varia em função de duas ou mais variáveis.

A análise da superfície de energia potencial é uma ferramenta poderosa para compreender o comportamento de um sistema e para desenvolver novos materiais e produtos.

Aplicações da varredura de superfície de energia potencial em química e ciência dos materiais

O varrimento de superfícies de energia potencial tem várias aplicações em química e ciência dos materiais. Por exemplo, pode ser utilizada para:

- Conceber novas moléculas e materiais: A exploração da superfície de energia potencial pode ser utilizada para calcular a energia potencial de um sistema, o que pode ajudar a prever a estabilidade e as propriedades de novas moléculas e materiais.
- Estudo dos mecanismos de reação: A análise da superfície de energia potencial

pode ser utilizada para calcular a energia potencial das diferentes etapas de uma reação. Isto pode ajudar-nos a compreender os mecanismos de reação e a desenvolver novas reacções.

- Estudo das propriedades dos materiais: A exploração da superfície de energia potencial pode ser utilizada para prever as propriedades dos materiais, como a dureza e a resistência à fratura.

Aplicações de varrimento de superfície de energia potencial em bioquímica

O varrimento da superfície de energia potencial também tem várias aplicações em bioquímica. Por exemplo, pode ser utilizado para:

- Estudar a estrutura e a função das proteínas: A exploração da superfície de energia potencial pode ser utilizada para calcular a energia potencial de diferentes conformações de uma proteína. Isto pode ajudar-nos a compreender a estrutura estável e a função da proteína.
- Conceção de medicamentos: A análise da superfície de energia potencial pode ser utilizada para prever a forma como um fármaco se ligará a uma proteína. Isto pode ajudar no desenvolvimento de novos fármacos.
- Estudo de processos biológicos: A análise da superfície de energia potencial pode ser utilizada para calcular a energia potencial das diferentes etapas de um processo biológico. Isto pode ajudar-nos a compreender os processos biológicos e a desenvolver novas tecnologias biológicas.

Aplicações da varredura de superfície de energia potencial em física

Em física, a análise da superfície de energia potencial também tem várias aplicações. Por exemplo, pode ser utilizada para:

- Estudar a estrutura de átomos e moléculas: A exploração da superfície de energia potencial pode ser utilizada para calcular a energia potencial de diferentes conformações de um átomo ou molécula.
- Estudo da estrutura dos cristais: A exploração da superfície de energia potencial pode ser utilizada para calcular a energia potencial de diferentes estruturas de um cristal.
- Estudar as propriedades das superfícies e dos materiais: A análise de superfícies com energia potencial pode ser utilizada para prever propriedades como os coeficientes de atrito e a condutividade térmica.

A exploração de superfícies de energia potencial é uma técnica versátil com uma vasta gama de aplicações em várias disciplinas científicas, o que a torna uma ferramenta valiosa para investigadores e cientistas.

A análise PES foi efectuada aumentando o ângulo diedro de - 180° para +180° em incrementos de 10° para N13-C11-C9-C28 na molécula 4PMI, e para C16-N22-C13-C13 na molécula 2OH5PMI (**Figura 14**), que desempenham um papel significativo nos efeitos estéricos intramoleculares, utilizando o modelo PM6 [26], um método de cálculo orbital molecular semi-empírico baseado na química quântica.

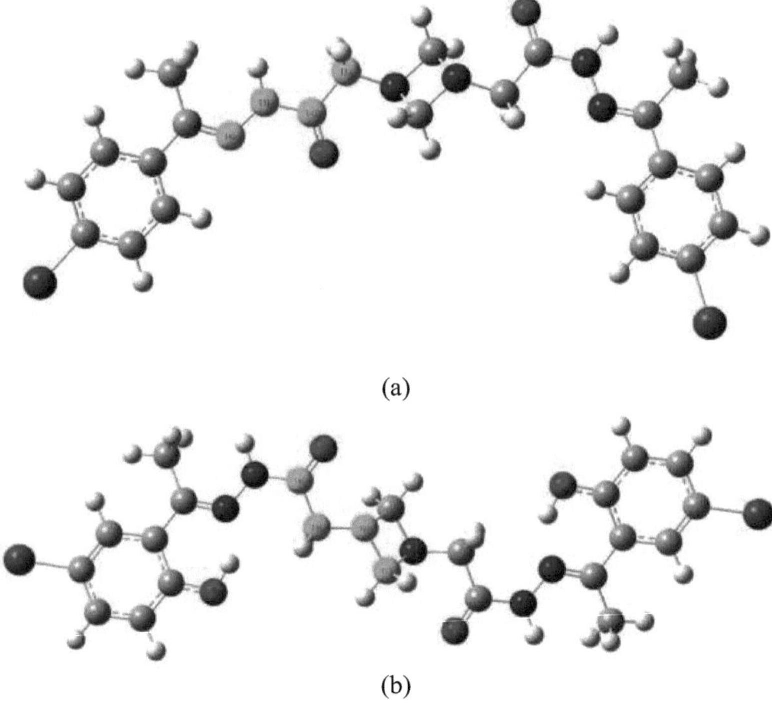

(a)

(b)

Figura 14. Estruturas iniciais de conformação (a) 4PMI (b)

2OH5PMI

Como resultado da análise da superfície de energia potencial (PES), foram identificadas uma estrutura mínima global e duas estruturas mínimas locais para a molécula 4PMI, enquanto três estruturas mínimas locais e uma global foram determinadas para a molécula 2OH5PMI (**Figura 15**). Esta análise revelou o número de estados mais estáveis nas superfícies energéticas das moléculas. Foram selecionadas sete conformações diferentes para uma análise mais pormenorizada e estas conformações foram re-otimizadas utilizando o método DFT/B3LYP com o conjunto de bases 6- 31G(d,p) (**Figura 16**). Estas conformações optimizadas representam estados estáveis que não possuem valores de frequência imaginária. Todos os cálculos foram efectuados com a premissa destes compostos estáveis. Os estados estáveis sem frequências imaginárias são essenciais para obter resultados fiáveis e reprodutíveis nas superfícies de energia dos sistemas moleculares. Por conseguinte, este estudo fornece uma base significativa para a compreensão dos estados estáveis e dos perfis energéticos dos sistemas moleculares.

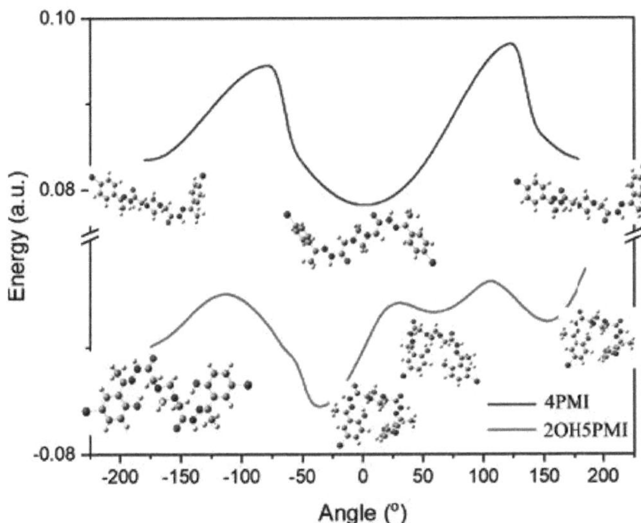

Figura 15. Representação bidimensional da análise PES de 4PMI e moléculas de 2OH5PMI.

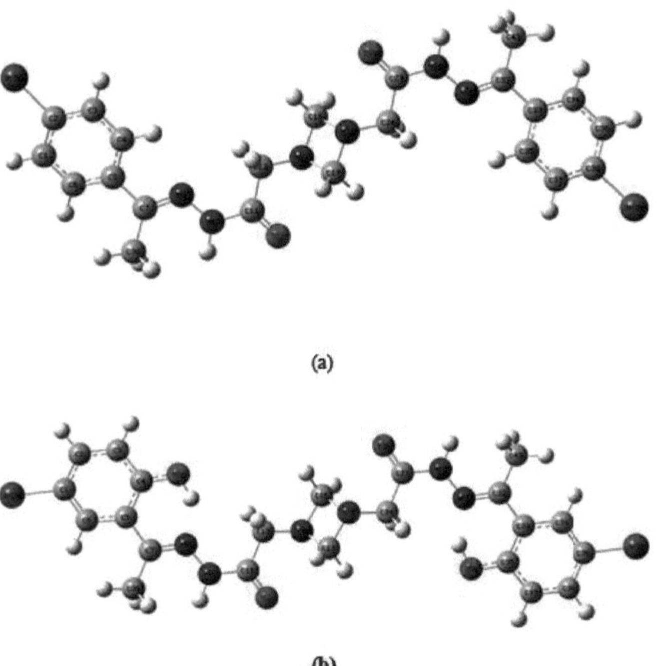

Figura 16. (a) Estrutura optimizada de 4PMI (b) Moléculas de 2OH5PMI

Coordenada de Reação Intrínseca (IRC)

Este estudo centrou-se na estrutura molecular e nos parâmetros geométricos do composto 2OH5PMI. Em particular, o composto 2OH5PMI tem o potencial de formar duas estruturas tautoméricas, nomeadamente enol-imina e cetoamina (**Figura 17**). Para examinar as possíveis transições entre estas duas estruturas, foram efectuados cálculos da Coordenada de Reação Intrínseca (IRC). Calculámos teoricamente os parâmetros estruturais detalhados de ambas as estruturas tautoméricas e estados de transição utilizando o método DFT/B3LYP com o conjunto de bases 6-31g(d,p). A Tabela 1 mostra as energias de ambas as estruturas tautoméricas, as diferenças entre elas e as energias de ativação para as reacções direta e inversa. Além disso, a frequência de vibração imaginária calculada para o estado de transição foi de 1282, confirmando a exatidão do estado de transição.

A transição entre as formas tautoméricas ceto e enol pode ocorrer através de uma reação de transferência de protões na molécula. Durante este processo, um átomo de hidrogénio migra do átomo de O para o átomo de N ou vice-versa, resultando em algumas alterações na estrutura. Por exemplo, durante a transferência de protões da forma enol para a forma ceto, o comprimento da ligação O-H aumenta e acaba por se quebrar. O átomo de H dissociado liga-se então ao átomo de N a partir do átomo de O, completando o processo de transferência de protões.

Após o exame estrutural, os resultados obtidos indicam que o estado de transição tem uma maior semelhança com a forma enol-imina. Esta descoberta é significativa para a compreensão das mudanças dinâmicas nas estruturas moleculares e nos estados de transição.

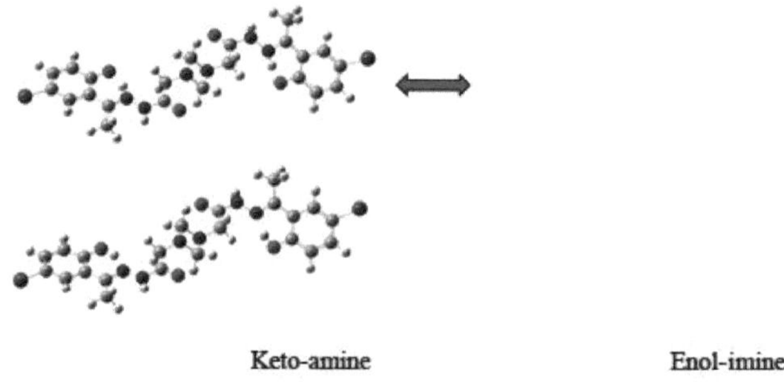

Ceto-amina Enol-imina

Figura 17. Estruturas tautoméricas da molécula 2OH5PMI

O perfil energético do processo de transferência de protões é apresentado em pormenor na **Figura 18, Tabela 8**. Este perfil de energia foi utilizado para determinar a diferença de energia entre as duas estruturas distintas. Esta diferença de energia é calculada como sendo de -29,88 kJ/mol. Como se observa na **Figura 18**, a diferença de energia entre a forma enol-imina e a forma ceto-amina é claramente ilustrada. Com base nestes resultados, é evidente que a forma enol-imina é mais estável do que a forma ceto-amina.

Este perfil de energia ajuda-nos a avaliar se a transferência de protões é termodinamicamente fácil ou difícil. A diferença de energia de -29,88 kJ/mol indica que a transferência de protões deve ocorrer para a forma enol-imina. Estes perfis energéticos detalhados fornecem informações cruciais para compreender as caraterísticas de estabilidade e reatividade das estruturas moleculares e ajudam a compreender a termodinâmica das reacções químicas. Este estudo forneceu uma explicação teórica das reacções de transferência de protões, permitindo investigações a nível molecular [27].

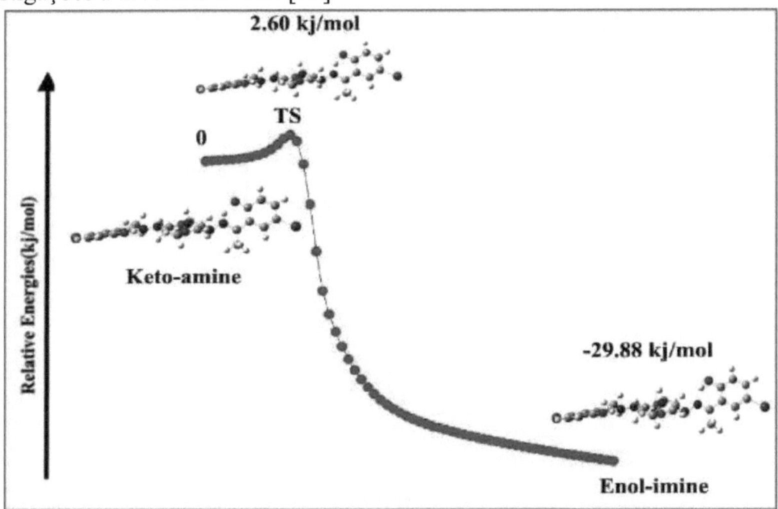

Figura.18. Diagrama de energia potencial para a tautomerização da molécula 2OH5PMI

A energia do estado de transição (TS) foi relativamente calculada em comparação com a forma enol-imina e, como resultado deste cálculo, a energia do TS na fase gasosa é de 2,60 kJ/mol. Adicionalmente, a barreira energética que tem de ser ultrapassada para a reação inversa foi calculada em 32,48 kJ/mol. Estes valores indicam que a reação de transferência inversa de protões requer uma energia significativamente elevada para ocorrer, sublinhando a natureza difícil desta reação e sugerindo, simultaneamente, que a reação inversa pode ocorrer com facilidade.

Estes resultados evidenciam a instabilidade termodinâmica das reacções de transferência de protões e a energia necessária para que estas reacções ocorram. A elevada barreira energética para a reação inversa implica que esta reação é menos provável de ocorrer. No entanto, estas análises detalhadas são essenciais para o estudo e compreensão das reacções químicas, fornecendo informações sobre as propriedades termodinâmicas das reacções [28]. Este estudo contribuiu para a compreensão das reacções a nível molecular, examinando os aspectos energéticos da reação de transferência de protões.

Tabela 8. Energias de ativação (Ea) e do estado de transição (TS) das formas tautoméricas da molécula 2OH5PMI

Enol-imina (a.u.)	**Ceto-amina (a.u.)**	**TS** *(a.u.)*	ДE (kJ mol $)^{-1}$	**Ea(f)** (kJ mol $)^{-1}$	**Ea(r)** (kJ mol $)^{-1}$
-6625.51966848	-6625.50828866	-6625.50729800	-29.88	2.60	32.48

TS: Energia do estado de transição; Ea(f): Energia de ativação para a frente; Ea(r): Energia de ativação para trás

Parâmetros geométricos

Os resultados dos parâmetros estruturais das moléculas foram optimizados utilizando o método B3LYP com o conjunto de bases 6-311G(d,p), e estes resultados são apresentados em pormenor na Tabela 2. Foram efectuadas comparações exaustivas com dados obtidos em estudos experimentais anteriores, o que é essencial para avaliar a fiabilidade dos cálculos teóricos. Os compostos apresentados na Figura 3 possuem uma estrutura molecular simétrica que inclui dois grupos Bromofenol e 1,2-Diazetidina numa unidade simétrica e adoptam uma configuração Z,Z relativamente ao grupo 1,2-Diazetidina. Quando o ângulo entre os dois anéis de Bromofenol foi calculado com precisão, verificou-se que era de aproximadamente 0,15°, o que é um pormenor que contribui significativamente para a análise das caraterísticas estruturais dos compostos. Ao observar **a Tabela 9**, os comprimentos de ligação O12-C11, N9-C11 e N8-N9 para o 4PMI são calculados como 1,2203, 1,2857 e 1,3560 A, respetivamente, e para o 2OH5PMI como 1,2195, 1,3860 e 1,3597 A. Estes valores são calculados como 1,2114, 1,3745 e 1,3614 A, respetivamente, na literatura [11]. Estes resultados sublinham que os cálculos teóricos estão bastante próximos dos dados da literatura e realçam a capacidade destes métodos para descrever com exatidão as propriedades estruturais dos compostos.

Na literatura, existem dados relativos aos ângulos N22-C13-C11, C13-C11-O12, e C11-N9-CN8. Esses ângulos são relatados como 113,99°, 122,24° e 119,98(13)°, respetivamente [11]. Neste estudo, estes ângulos foram calculados teoricamente como 110,59°, 124,11° e 122,48° para 4PMI, e 110,52°, 124,08° e 123,23° para 2OH5PMI, e os resultados são apresentados na **Tabela 10**. Estes resultados parecem estar em boa concordância quando comparados com os valores calculados encontrados na literatura.

Tabela 9. Comprimentos de Ligação dos Compostos (A)

4PMI			**2OH5PMI**		
Átomo	**Átomo2**	**Obrigação**	**Átomo**	**Átomo2**	**Obrigação**
C1	C2	1.3912	C1	C2	1.3963
C1	C6	1.3945	C1	C6	1.3850
C1	H52	1.0839	C1	Br55	1.9136

C2	C3	1.3958	C2	C3	1.3863
C2	Br56	1.9102	C2	H52	1.0839
C3	C4	1.3892	C3	C4	1.4028
C3	H49	1.0840	C3	H49	1.0846
C4	C5	1.4078	C4	C5	1.4268
C4	H54	1.0838	C4	O53	1.3441
C5	C6	1.4041	C5	C6	1.4102
C5	C7	1.4833	C5	C7	1.4754
C6	H47	1.0847	C6	H47	1.0815
C7	N8	1.2934	C7	N8	1.3017
C7	C39	1.5129	C7	C39	1.5117
N8	N9	1.3560	N8	N9	1.3597
N9	H10	1.0165	N9	H10	1.0148
N9	C11	1.3857	N9	C11	1.3860
C11	O12	1.2203	C11	O12	1.2195
C11	C13	1.5217	C11	C13	1.5225
C13	H14	1.1103	C13	H14	1.1107
C13	H15	1.0938	C13	H15	1.0954
C13	N22	1.4438	C13	N22	1.4430
C16	H18	1.0994	C16	H18	1.0991
C16	H19	1.1004	C16	H19	1.1003
C16	N22	1.4788	C16	N22	1.4791
C16	N23	1.4771	C16	N23	1.4775
C17	H20	1.1004	C17	H20	1.1002
C17	H21	1.0996	C17	H21	1.0992
C17	N22	1.4771	C17	N22	1.4775
C17	N23	1.4788	C17	N23	1.4793
N23	C24	1.4441	N23	C24	1.4431
C24	H25	1.1098	C24	H25	1.1107
C24	H26	1.0939	C24	H26	1.0956
C24	C27	1.5215	C24	C27	1.5225
C27	O28	1.2204	C27	O28	1.2194
C27	N29	1.3856	C27	N29	1.3859
N29	H30	1.0165	N29	H30	1.0148
N29	N31	1.3561	N29	N31	1.3604
N31	C32	1.2936	N31	C32	1.3020
C32	C33	1.4833	C32	C33	1.4754
C32	C43	1.5129	C32	C43	1.5115
C33	C34	1.4042	C33	C34	1.4104

C33	C35	1.4077	C33	C35	1.4273
C34	C36	1.3946	C34	C36	1.3847
C34	H48	1.0847	C34	H48	1.0814
C35	C37	1.3893	C35	C37	1.4030
C35	H51	1.0836	C35	O54	1.3436
C36	C38	1.3911	C36	C38	1.3963
C36	H53	1.0839	C36	Br56	1.9137
C37	C38	1.3957	C37	C38	1.3862
C37	H50	1.0840	C37	H50	1.0845
C38	Br55	1.9101	C38	H51	1.0839
C39	H40	1.0974	C39	H40	1.0971
C39	H41	1.0967	C39	H41	1.0964
C39	H42	1.0890	C39	H42	1.0870
C43	H44	1.0890	C43	H44	1.0868
C43	H45	1.0975	C43	H45	1.0974
C43	H46	1.0967	C43	H46	1.0960
			O53	H58	0.9880
			O54	H57	0.9889

Tabela 10. Ângulos de Ligação dos Compostos (A)

4PMI				2OH5PMI			
Átomo	**Átomo2**	**Átomo3**	**Ângulo**	**Átomo**	**Átomo2**	**Átomo3**	**Ângulo**
C2	C1	C6	119.25	C2	C1	C6	120.92
C2	C1	H52	120.28	C2	C1	Br55	119.67
C6	C1	H52	120.47	C6	C1	Br55	119.41
C1	C2	C3	120.84	C1	C2	C3	118.99
C1	C2	Br5	119.60	C1	C2	H52	120.40
C3	C2	Br5	119.56	C3	C2	H52	120.61
C2	C3	C4	119.34	C2	C3	C4	121.24
C2	C3	H49	120.13	C2	C3	H49	121.08
C4	C3	H49	120.53	C4	C3	H49	117.69
C3	C4	C5	121.29	C3	C4	C5	120.01
C3	C4	H54	119.85	C3	C4	O53	116.94
C5	C4	H54	118.86	C5	C4	O53	123.06
C4	C5	C6	117.96	C4	C5	C6	117.51
C4	C5	C7	120.32	C4	C5	C7	121.65
C6	C5	C7	121.72	C6	C5	C7	120.84
C1	C6	C5	121.33	C1	C6	C5	121.33
C1	C6	H47	118.14	C1	C6	H47	118.17

C5	C6	H47	120.52	C5	C6	H47	120.49
C5	C7	N8	116.32	C5	C7	N8	117.13
C5	C7	C39	120.71	C5	C7	C39	121.77
N8	C7	C39	122.97	N8	C7	C39	121.09
C7	N8	N9	119.16	C7	N8	N9	120.13
N8	N9	H10	122.65	N8	N9	H10	121.77
N8	N9	C11	122.48	N8	N9	C11	123.23
H10	N9	C11	114.84	H10	N9	C11	114.95
N9	C11	O12	119.34	N9	C11	O12	119.14
N9	C11	C13	116.51	N9	C11	C13	116.75
O12	C11	C13	124.11	O12	C11	C13	124.08
C11	C13	H14	107.18	C11	C13	H14	107.45
C11	C13	H15	109.31	C11	C13	H15	109.42
C11	C13	N22	110.59	C11	C13	N22	110.52
H14	C13	H15	105.92	H14	C13	H15	106.27
H14	C13	N22	113.96	H14	C13	N22	113.95
H15	C13	N22	109.69	H15	C13	N22	109.09
H18	C16	H19	108.47	H18	C16	H19	108.53
H18	C16	N22	115.32	H18	C16	N22	115.38
H18	C16	N23	113.22	H18	C16	N23	113.16
H19	C16	N22	113.36	H19	C16	N22	113.29
H19	C16	N23	114.90	H19	C16	N23	114.97
N22	C16	N23	90.94	N22	C16	N23	90.86
H20	C17	H21	108.48	H20	C17	H21	108.54
H20	C17	N22	114.92	H20	C17	N22	114.98
H20	C17	N23	113.41	H20	C17	N23	113.31
H21	C17	N22	113.16	H21	C17	N22	113.15
H21	C17	N23	115.30	H21	C17	N23	115.36
N22	C17	N23	90.94	N22	C17	N23	90.86
C13	N22	C16	117.11	C13	N22	C16	117.19
C13	N22	C17	118.28	C13	N22	C17	118.33
C16	N22	C17	89.06	C16	N22	C17	89.14
C16	N23	C17	89.06	C16	N23	C17	89.14
C16	N23	C24	118.32	C16	N23	C24	118.33
C17	N23	C24	117.17	C17	N23	C24	117.19
N23	C24	H25	114.05	N23	C24	H25	113.98
N23	C24	H26	109.60	N23	C24	H26	109.03
N23	C24	C27	110.56	N23	C24	C27	110.53
H25	C24	H26	105.86	H25	C24	H26	106.25

H25	C24	C27	107.21	H25	C24	C27	107.44
H26	C24	C27	109.38	H26	C24	C27	109.44
C24	C27	O28	124.09	C24	C27	O28	124.09
C24	C27	N29	116.57	C24	C27	N29	116.73
O28	C27	N29	119.31	O28	C27	N29	119.16
C27	N29	H30	114.78	C27	N29	H30	114.94
C27	N29	N31	122.53	C27	N29	N31	123.17
H30	N29	N31	122.62	H30	N29	N31	121.70
N29	N31	C32	119.10	N29	N31	C32	120.11
N31	C32	C33	116.38	N31	C32	C33	117.16
N31	C32	C43	122.92	N31	C32	C43	120.96
C33	C32	C43	120.70	C33	C32	C43	121.88
C32	C33	C34	121.70	C32	C33	C34	120.92
C32	C33	C35	120.36	C32	C33	C35	121.63
C34	C33	C35	117.92	C34	C33	C35	117.45
C33	C34	C36	121.34	C33	C34	C36	121.37
C33	C34	H48	120.54	C33	C34	H48	120.55
C36	C34	H48	118.11	C36	C34	H48	118.08
C33	C35	C37	121.31	C33	C35	C37	120.03
C33	C35	H51	118.87	C33	C35	O54	123.07
C37	C35	H51	119.81	C37	C35	O54	116.90
C34	C36	C38	119.26	C34	C36	C38	120.94
C34	C36	H53	120.47	C34	C36	Br56	119.39
C38	C36	H53	120.27	C38	C36	Br56	119.67
C35	C37	C38	119.34	C35	C37	C38	121.24
C35	C37	H50	120.52	C35	C37	H50	117.67
C38	C37	H50	120.14	C38	C37	H50	121.09
C36	C38	C37	120.83	C36	C38	C37	118.97
C36	C38	Br5	119.61	C36	C38	H51	120.41
C37	C38	Br5	119.56	C37	C38	H51	120.62
C7	C39	H40	111.71	C7	C39	H40	111.14
C7	C39	H41	110.55	C7	C39	H41	110.29
C7	C39	H42	111.96	C7	C39	H42	112.74
H40	C39	H41	107.54	H40	C39	H41	107.80
H40	C39	H42	108.02	H40	C39	H42	107.87
H41	C39	H42	106.82	H41	C39	H42	106.77
C32	C43	H44	111.97	C32	C43	H44	112.84
C32	C43	H45	111.72	C32	C43	H45	111.13
C32	C43	H46	110.56	C32	C43	H46	110.25

H44	C43	H45	108.01	H44	C43	H45	107.65
H44	C43	H46	106.79	H44	C43	H46	106.91
H45	C43	H46	107.56	H45	C43	H46	107.85
				C4	O53	H58	106.90
				C35	O54	H57	106.85

MEP, carga atómica e análise orbital de fronteira

Foram efectuados estudos detalhados utilizando os métodos Mulliken, ESP, Hirshfeld e Gasteiger para compreender a distribuição de cargas nas moléculas. Além disso, foram realizadas análises dos valores de energia HOMO-LUMO e da superfície de potencial eletrostático molecular (MEP).

Para determinar mais detalhadamente a distribuição de cargas e o mecanismo de ativação de cada composto, foram calculados mapas de Potencial Eletrostático Molecular (MEP) para cada composto. Um mapa MEP de uma molécula mostra a interação entre átomos que estão em contacto após a circulação de uma carga positiva sobre a superfície da molécula. O mapa MEP representa visualmente estas interações utilizando cores. Em particular, mostra regiões onde a densidade eletrónica é elevada e os electrões estão concentrados a vermelho. Estas regiões são conhecidas como electrofílicas porque requerem electrões adicionais e tendem a formar ligações com outros átomos.

Os mapas MEP também mostram áreas repulsivas a azul. Estas áreas são chamadas nucleofílicas e a densidade eletrónica diminui nestas regiões, indicando a sua tendência para atrair outros electrões. Estas análises são utilizadas para compreender melhor a reatividade química e as estruturas moleculares dos compostos. Os mapas MEP fornecem informações importantes, particularmente sobre mecanismos de reação e interações, e guiam-nos na compreensão do tipo e força das ligações químicas.

A Figura 19 mostra os mapas do Potencial Eletrostático Molecular (MEP) das moléculas 4PMI e 2OH5PMI. É evidente que estes mapas fornecem informações valiosas. Em particular, as regiões mais negativas estão concentradas nos átomos de oxigénio das moléculas, e os valores de MEP variam entre -0,046 e -0,048 nestas regiões.

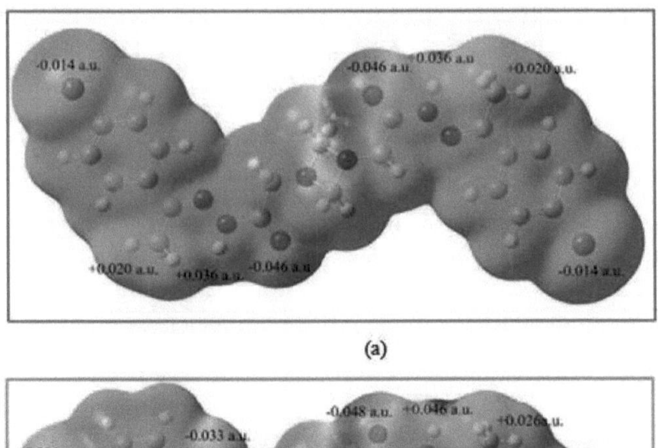

(a)

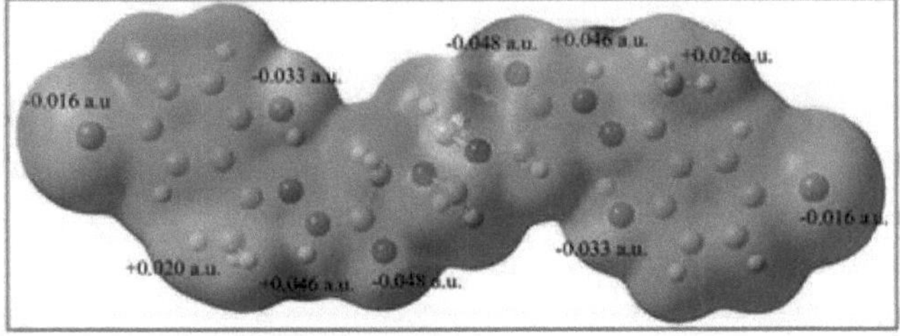

Figura 19. Mapa MEP das moléculas de (a) 4PMI (b) 2OH5PMI

A região mais positiva no mapa MEP está localizada sobre os grupos N-H e é calculada como estando aproximadamente entre +0,036 e +0,046 unidades electrónicas (a.b). Isto ajuda a identificar potenciais locais de interação recetor-ligando das moléculas.

Os mapas MEP codificam por cores as regiões de interação potencial e representam visualmente a distribuição da densidade eletrónica. Isto é crucial para compreender onde podem ocorrer interações entre o recetor e o ligando e para identificar os pontos de início das reacções químicas.

Esta análise é uma ferramenta essencial para compreender melhor os mecanismos das interações moleculares e a natureza das reacções. Os mapas MEP, sobretudo porque fornecem informações detalhadas sobre os tipos de reação e as ligações químicas, são um recurso valioso para a conceção de medicamentos, a catálise e outros estudos químicos.

Os cálculos de carga atómica têm uma importância significativa quando se aplicam cálculos de química quântica a sistemas moleculares. Estes cálculos são utilizados para determinar a distribuição de cargas nos átomos, o que pode ter impacto em várias propriedades dos sistemas moleculares, incluindo momentos de dipolo, polarização, estruturas electrónicas e muitas outras. Consequentemente, a distribuição de cargas entre átomos é importante para examinar e compreender os processos de transferência de carga, particularmente os formados por pares de

dadores e aceitadores. Os cálculos de carga atómica são também utilizados para definir diferenças de eletronegatividade e processos de transferência de carga em reacções químicas.
Este estudo visa obter mais informações sobre os sistemas moleculares, utilizando estes diversos métodos para compreender a distribuição de cargas e as propriedades electrónicas. Estas análises fornecem informações importantes para a compreensão dos mecanismos das reacções químicas e para a investigação das interações a nível molecular.
Ao examinar o Quadro 4 e o Quadro 5, observa-se que as cargas negativas nos sistemas moleculares dos compostos 4PMI e 2OH5PMI estão particularmente concentradas nos átomos electronegativos de oxigénio e azoto. Com base nesta análise da distribuição de cargas, verificou-se que os átomos de O e de Br são os que possuem as cargas mais negativas, representando as regiões electronegativas da molécula.
Considerando os cálculos da densidade de carga atómica, pode dizer-se que os átomos O e Br desempenham o papel de dadores (contribuintes) nas interações recetor-ligando. Por outras palavras, estes átomos destacam-se como átomos inclinados a partilhar pares de electrões quando interagem com outros átomos. Esta é uma observação e uma descoberta importante que contribui para a compreensão das interações recetor-ligando a nível molecular. A distribuição da carga atómica é uma ferramenta crucial para compreender o tipo, a força e a natureza das interações químicas.
Os cálculos de carga atómica contribuem significativamente para a compreensão do comportamento atómico fundamental que constitui a base da química. Ajudam a compreender uma vasta gama de assuntos cruciais, como as ligações químicas, a polaridade, a polarização e a reatividade química. Por conseguinte, os cálculos de carga atómica são ferramentas indispensáveis em vários campos científicos, incluindo a química, a bioquímica, a ciência dos materiais, entre outros.
Este estudo teve como objetivo obter mais informações sobre os sistemas moleculares, examinando as distribuições de carga entre os átomos. As distribuições de cargas atómicas foram calculadas utilizando os métodos Mulliken, ESP, Hirshfeld e Gasteiger. Estes cálculos determinam a distribuição de cargas entre átomos no sistema molecular. Algumas das principais conclusões das distribuições de carga examinadas incluem:
Distribuição das cargas negativas: Como se mostra na **Tabela 11** e na **Tabela 12**, pode observar-se que as cargas negativas mais elevadas estão concentradas nos átomos de N (azoto), O (oxigénio), Br (bromo) e no grupo metilo C (carbono), com base nas distribuições de carga apresentadas na tabela. Isto reflecte a natureza rica em electrões destes átomos e indica o seu papel significativo na reatividade química.

Distribuição de Cargas Positivas: Adicionalmente, observa-se que as cargas positivas mais elevadas estão concentradas nos átomos C7, C27, C32, C11, H57 (OH), H58 (OH), H10 (NH) e H30 (NH), que estão na proximidade de átomos electronegativos. Isto reflecte o papel destes átomos nas ligações químicas. Em particular, estes átomos formam fortes ligações de hidrogénio intra-moleculares, levando a um aumento da densidade de carga [29-31].

Exame das interações químicas

Estas distribuições de carga contribuem significativamente para a compreensão das interações intramoleculares e intermoleculares. Em particular, o facto de os átomos O terem cargas mais negativas do que os átomos N apoia a base química das interações intramoleculares e intermoleculares. Com base nestes resultados, pode dizer-se que o mecanismo de reação ocorre através de átomos electronegativos que contêm pares de electrões não emparelhados, e que as ligações de hidrogénio intramoleculares e intermoleculares desempenham um papel crucial nestes átomos. A distribuição de cargas atómicas é uma ferramenta poderosa para compreender os fundamentos das interações químicas e explicar os mecanismos das reacções químicas. Este estudo contribui para a compreensão das ligações e interações químicas a nível molecular.

Tabela 11. Cargas Mulliken, ESP, Hirshfeld e Gasteiger com hidrogénios somados em átomos pesados da molécula 4PMI

4PMI				
Átomos	**Mulliken**	**Esp**	**Hirshfeld**	**Gasteiger**
1(C)	-0.0942262428	-0.036896238	-0.04400409	-0.04731367
2(C)	0.0552119103	0.0248953528	0.00722045	0.01752633
3(C)	-0.0935480834	-0.062554037	-0.04053443	-0.04731367
4(C)	-0.0980786380	-0.035459436	-0.02933671	-0.05198187
5(C)	0.0895866368	-0.046923807	-0.00683177	-0.00269362
6(C)	-0.1318781166	-0.124106756	-0.03693559	-0.05198187
7(C)	0.2635827917	0.3394761160	0.05617631	0.06273091
8(N)	-0.3062886426	-0.415356731	-0.08944046	-0.18610952
9(N)	-0.3849315761	-0.155012240	-0.03952421	-0.20590862
10(H)	0.2609492263	0.2445104681	0.12292112	0.17864049
11(C)	0.5914961014	0.4291987295	0.17432619	0.24538838
12(O)	-0.4881382429	-0.501767397	-0.28223570	-0.27433643
13(C)	-0.0970382641	0.4047371046	-0.01561919	0.07950978
14(H)	0.1084796639	-0.031463800	0.02795584	0.05323229
15(H)	0.1422485337	-0.020836625	0.03951457	0.05323229
16(C)	0.1394368485	0.7080715760	0.03610497	0.05406994
17(C)	0.1390426898	0.7037448649	0.03591842	0.05406994
18(H)	0.1008329224	-0.079856372	0.02822921	0.06031194

19(H)	0.0941715628	-0.081230291	0.02517077	0.06031194
20(H)	0.0936970977	-0.090511821	0.02487921	0.06031194
21(H)	0.1011825807	-0.075083547	0.02834120	0.06031194
22(N)	-0.4615172742	-0.790714883	-0.12339488	-0.26836648
23(N)	-0.4622882179	-0.776521559	-0.12389876	-0.26836648
24(C)	-0.0959983633	0.3207401058	-0.01538688	0.07950978
25(H)	0.1124781941	-0.027814686	0.02935664	0.05323229
26(H)	0.1376895094	0.0173229210	0.03849330	0.05323229
27(C)	0.5913075870	0.4615267995	0.17434128	0.24538838
28(O)	-0.4879380636	-0.508431560	-0.28217861	-0.27433643
29(N)	-0.3849467261	-0.136576514	-0.03956429	-0.20590862
30(H)	0.2608512122	0.2333748208	0.12274393	0.17864049
31(N)	-0.3072060843	-0.454973629	-0.08983020	-0.18610952
32(C)	0.2643996325	0.3804017835	0.05614354	0.06273091
33(C)	0.0898330428	-0.040196454	-0.00673561	-0.00269362
34(C)	-0.1321794398	-0.140299096	-0.03688719	-0.05198187
35(C)	-0.0973625496	-0.081055617	-0.02916136	-0.05198187
36(C)	-0.0942137861	-0.030987750	-0.04395869	-0.04731367
37(C)	-0.0935193576	-0.034893702	-0.04050513	-0.04731367
38(C)	0.0552661381	0.0213957089	0.00729741	0.01752633
39(C)	-0.4068762937	-0.196108338	-0.08444828	-0.02001866
40(H)	0.1428500290	0.0773087158	0.04459481	0.02965123
41(H)	0.1329999777	0.0657178985	0.04242696	0.02965123
42(H)	0.1315485367	0.0538694134	0.04403099	0.02965123
43(C)	-0.4071985298	-0.239712681	-0.08439440	-0.02001866
44(H)	0.1316283461	0.0614474064	0.04407067	0.02965123
45(H)	0.1423677721	0.0839461430	0.04441293	0.02965123
46(H)	0.1337114446	0.0824075762	0.04268287	0.02965123
47(H)	0.0925826059	0.1075317342	0.04366575	0.06300089
48(H)	0.0924988262	0.1141789521	0.04362787	0.06300089
49(H)	0.1136927679	0.0800364778	0.05066981	0.06347244
50(H)	0.1135649623	0.0711282120	0.05063672	0.06347244
51(H)	0.1158203449	0.0928695405	0.04438700	0.06300089
52(H)	0.1109191890	0.0655157622	0.04937982	0.06347244
53(H)	0.1109270586	0.0659184630	0.04940334	0.06347244
54(H)	0.1164871409	0.0655761266	0.04461889	0.06300089
55(Br)	-0.1239108253	-0.081458965	-0.04439230	-0.05083023
56(Br)	-0.1240596428	-0.080044228	-0.04454410	-0.05083023

Tabela 12. Cargas Mulliken, ESP, Hirshfeld e Gasteiger com hidrogénios somados

em átomos pesados da molécula 2OH5PMI

2OH5PMI				
Átomos	**Mulliken**	**Esp**	**Hirshfeld**	**Gasteiger**
1(C)	0.04130490	-0.004725348	-0.01123090	0.01833419
2(C)	-0.09104220	-0.003619142	-0.03430911	-0.04533843
3(C)	-0.10216775	-0.262711941	-0.05126397	-0.03026692
4(C)	0.29986822	0.4165556027	0.09124058	0.08044722
5(C)	0.05076978	-0.251458605	-0.03088050	0.02840319
6(C)	-0.15672413	-0.028994671	-0.04680652	-0.03619123
7(C)	0.35483493	0.3696011278	0.06687928	0.06538641
8(N)	-0.42699631	-0.336834417	-0.06724656	-0.18600825
9(N)	-0.38404549	-0.280795210	-0.04001672	-0.20590707
10(H)	0.26934269	0.2942696444	0.12656469	0.17864051
11(C)	0.59895392	0.4463655499	0.17430114	0.24538839
12(O)	-0.48588220	-0.489966977	-0.27706211	-0.27433643
13(C)	-0.10559329	0.3907652269	-0.01294653	0.07950978
14(H)	0.11458592	-0.011249292	0.03085738	0.05323229
15(H)	0.14034996	0.0064678461	0.04299994	0.05323229
16(C)	0.13496384	0.7214064585	0.03756411	0.05406994
17(C)	0.13487546	0.7156435637	0.03755582	0.05406994
18(H)	0.10868040	-0.076554345	0.03118672	0.06031194
19(H)	0.09656044	-0.092074862	0.02648485	0.06031194
20(H)	0.09661485	-0.091680571	0.02650706	0.06031194
21(H)	0.10869924	-0.073584975	0.03119457	0.06031194
22(N)	-0.46279722	-0.808808066	-0.12176631	-0.26836648
23(N)	-0.46299269	-0.812452782	-0.12184977	-0.26836648
24(C)	-0.10498521	0.3751271235	-0.01283460	0.07950978
25(H)	0.11522828	-0.013090291	0.03086939	0.05323229
26(H)	0.13949839	0.0152128756	0.04328730	0.05323229
27(C)	0.59894584	0.4730155990	0.17427390	0.24538839
28(O)	-0.48605242	-0.497885829	-0.27701039	-0.27433643
29(N)	-0.38402996	-0.288988733	-0.04018118	-0.20590707
30(H)	0.26976787	0.2950794196	0.12688982	0.17864051
31(N)	-0.43241779	-0.354702592	-0.06692361	-0.18600825
32(C)	0.36122731	0.3855809944	0.06728488	0.06538641
33(C)	0.04937662	-0.272639071	-0.03095151	0.02840319
34(C)	-0.15714217	-0.018760592	-0.04681630	-0.03619123
35(C)	0.30010051	0.4514332821	0.09147873	0.08044722
36(C)	0.04122919	-0.024624843	-0.01127765	0.01833419

37(C)	-0.10226631	-0.294856988	-0.05132798	-0.03026692
38(C)	-0.09105170	0.0245506323	-0.03415449	-0.04533843
39(C)	-0.41019200	-0.169861105	-0.08001742	-0.01991738
40(H)	0.14960934	0.0693510049	0.04851565	0.02965290
41(H)	0.13873854	0.0506114191	0.04537023	0.02965290
42(H)	0.14053668	0.0790738681	0.04877821	0.02965290
43(C)	-0.41123481	-0.181995264	-0.08002116	-0.01991738
44(H)	0.14052214	0.0826898059	0.04878590	0.02965290
45(H)	0.14864244	0.0684879458	0.04838059	0.02965290
46(H)	0.14059261	0.0578240691	0.04534484	0.02965290
47(H)	0.10377563	0.0583860938	0.04213229	0.06425040
48(H)	0.10309512	0.0593926164	0.04193217	0.06425040
49(H)	0.11007830	0.1553462872	0.05311886	0.06508197
50(H)	0.11008415	0.1623131348	0.05311645	0.06508197
51(H)	0.11323116	0.0690611548	0.05253959	0.06354647
52(H)	0.11318109	0.0746544654	0.05249019	0.06354647
53(O)	-0.57437921	-0.522444985	-0.19936989	-0.36022510
54(O)	-0.57520631	-0.534589283	-0.19962354	-0.36022510
55(Br)	-0.13648142	-0.093758845	-0.05666833	-0.05080407
56(Br)	-0.13648844	-0.091305767	-0.05667347	-0.05080407
57(H)	0.37209718	0.3123116461	0.11023314	0.21825576
58(H)	0.37020596	0.3044369462	0.11107228	0.21825576

Em química molecular, as orbitais de fronteira têm um impacto significativo na estrutura eletrónica e nas propriedades químicas de um composto. Estas orbitais são designadas por HOMO (Highest Occupied Molecular Orbital) e LUMO (Lowest Unoccupied Molecular Orbital). O HOMO representa a energia mais elevada ocupado por electrões numa molécula, enquanto o LUMO indica o nível orbital de energia mais baixo que não está ocupado por electrões [32-34].

A importância destes conceitos na química molecular desempenha um papel significativo na compreensão das reacções químicas e na previsão da reatividade de um composto [35]. A diferença de energia entre as orbitais HOMO e LUMO determina a reatividade química e as reacções de um composto. Esta diferença de energia é particularmente importante para iniciar as reacções químicas e acelerar as reacções. As orbitais HOMO de alta energia facilitam a doação de electrões por uma molécula, o que é crucial nas reacções nucleofílicas. Por outro lado, as orbitais LUMO de baixa energia facilitam a aceitação de electrões por uma molécula, o que é importante para as reacções electrofílicas.

O intervalo de energia HOMO-LUMO é utilizado como um indicador importante para prever a estrutura eletrónica e as reacções químicas de um composto [36].

Particularmente na conceção de medicamentos, na compreensão das interações moleculares e na previsão do comportamento de espécies reactivas, o intervalo de energia HOMO-LUMO desempenha um papel significativo. As interações moleculares entre as moléculas de fármacos e os receptores são em grande parte guiadas pelas interações destas orbitais. Por conseguinte, o cálculo e a análise das orbitais HOMO e LUMO são ferramentas poderosas para compreender as propriedades químicas e a reatividade de um composto. Esta informação é de importância fundamental para a conceção de medicamentos, catálise, ciência dos materiais e muitas aplicações químicas.

Para as moléculas 4PMI e 2OH5PMI, as energias HOMO (Highest Occupied Molecular Orbital) foram calculadas como -5,24 eV e -5,47 eV, respetivamente (**Figura 20** e **Figura 21**). As energias LUMO (Lowest Unoccupied Molecular Orbital) foram determinadas como sendo -1,53 eV para o 4PMI e -1,76 eV para o 2OH5PMI. A diferença de energia entre o HOMO e o LUMO foi calculada como sendo 3,71 eV para o 4PMI e 3,72 eV para o 2OH5PMI. Do ponto de vista da química quântica, o mecanismo de interação molecular entre um ligando e um recetor explica que os orbitais HOMO da molécula nucleófila (por exemplo, o fármaco) interagem com os orbitais LUMO no sítio ativo do recetor electrofílico [37]. Estas interações desempenham um papel fundamental no início das reacções químicas e na ligação do ligando ao recetor.

Além disso, foi previamente referido na literatura que um ligando com orbitais HOMO de alta energia pode envolver-se em interações mais favoráveis com o recetor [38]. Esta informação é muito valiosa para a conceção de fármacos e a investigação bioquímica e tem grande importância no exame das estruturas moleculares.

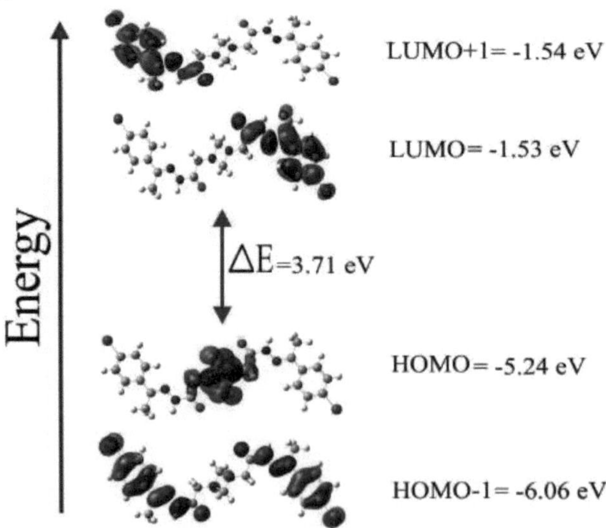

Figura 20. Diagramas HOMO e LUMO da molécula 4PMI

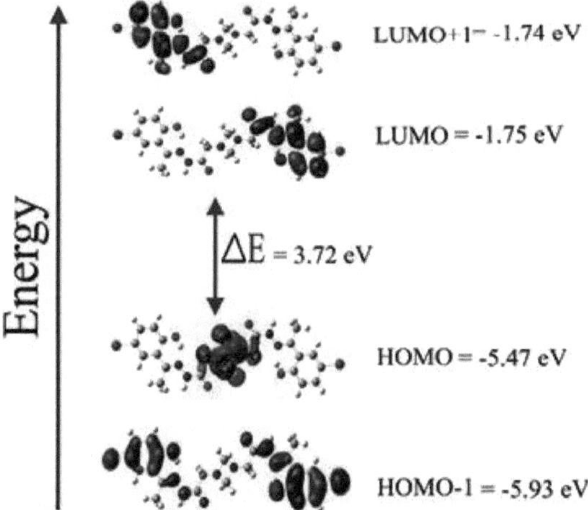

Figura 21. Diagramas HOMO e LUMO da molécula 2OH5PMI

Contribuições Orbitais e Análise da Densidade de Estados (DOS)

Este estudo aborda o conceito fundamental das contribuições orbitais e da análise da Densidade de Estados (DOS) relativamente à estrutura eletrónica e à física do estado sólido. Estas análises são de importância crítica para a compreensão do comportamento eletrónico de uma molécula ou de um material sólido. Neste artigo, vamos concentrar-nos nas contribuições orbitais e na análise DOS e explorar estes conceitos em maior detalhe. *Contribuições Orbitais:* As contribuições orbitais medem a contribuição de diferentes orbitais atómicas de uma molécula ou material para os níveis de energia e a estrutura eletrónica. Estas contribuições reflectem normalmente as orbitais atómicas com a energia mais elevada e a sua ocupação eletrónica. **As Tabelas 13 e 14** apresentam os resultados que indicam as contribuições atómicas dos átomos em percentagem para os compostos 4PMI e 2OH5PMI. Estes resultados revelam quais os átomos que desempenham um papel decisivo no comportamento eletrónico de uma molécula ou material.

Análise da Densidade de Estados (DOS): A densidade de estados (DOS) representa o número de estados dentro de um intervalo de energia unitário, um conceito crítico que descreve a estrutura eletrónica de um material. As Figuras 9 e 10 mostram as orbitais atómicas s, p e d e o gráfico da Densidade Total de Estados (TDOS) para os compostos 4PMI **(Figura 22)** e 2OH5PMI (**Figura 23**). Nas **Figuras 22-23**, pode observar-se que as orbitais atómicas são compostas por orbitais s, p e d presentes na molécula ou no material. Esta é uma técnica utilizada para examinar a estrutura eletrónica de um material.

As contribuições orbitais e a análise DOS são ferramentas poderosas para compreender a estrutura eletrónica e o comportamento de um material ou molécula.

Estas análises podem explicar os efeitos de átomos específicos e dos níveis de energia das orbitais no comportamento eletrónico. Este estudo poderá servir como uma referência importante para cientistas e investigadores interessados na física do estado sólido e na estrutura eletrónica molecular.

Tabela 13. Átomos que contribuem para as orbitais HOMO, HOMO+1, LUMO e LUMO-1.

Átomo	**HOMO(%)**	**HOMO-1(%)**	**LUMO(%)**	**LUMO+1(%)**
1(C)	0.00186	1.92105	0.04154	2.94488
2(C)	0.00794	6.06153	0.19883	14.07129
3(C)	0.00015	0.87978	0.02028	1.44600
4(C)	0.00618	3.25965	0.12781	9.01586
5(C)	0.00292	5.18080	0.15186	10.77423
6(C)	0.00603	2.86301	0.09233	6.52011
7(C)	0.01957	5.76688	0.23051	16.16884
8(N)	0.02193	6.79164	0.27865	19.70436
9(N)	0.19665	10.71523	0.02678	1.92879
10(H)	0.03331	0.06753	0.00023	0.02176
11(C)	0.51045	0.39072	0.07917	5.41917
12(O)	0.02394	4.64490	0.07034	4.82672
13(C)	0.55220	0.07994	0.00247	0.10103
14(H)	2.95982	0.14437	0.00882	0.39746
15(H)	0.28799	0.02859	0.00726	0.37927
16(C)	3.03702	0.01954	0.00106	0.00623
17(C)	3.03346	0.02028	0.00728	0.00049
18(H)	4.74638	0.00113	0.00018	0.00168
19(H)	4.87879	0.01056	0.00658	0.00135
20(H)	4.83194	0.01115	0.00202	0.00469
21(H)	4.78308	0.00159	0.00195	-0.00005
22(N)	32.76809	0.75181	0.00351	0.00741
23(N)	32.65506	0.81375	0.00979	0.00394
24(C)	0.56012	0.07726	0.09282	0.00179
25(H)	2.93526	0.14844	0.39837	0.00364
26(H)	0.29086	0.02776	0.33202	0.00360
27(C)	0.50293	0.30763	5.43540	0.07562
28(O)	0.02733	3.65616	4.81757	0.06756
29(N)	0.19353	8.53431	1.92970	0.02809
30(H)	0.03675	0.05292	0.01343	0.00017
31(N)	0.02239	5.36099	19.73631	0.28241
32(C)	0.01729	4.57428	16.16429	0.22995

33(C)	0.00307	4.08021	10.75460	0.15463
34(C)	0.00599	2.27200	6.55154	0.09361
35(C)	0.00618	2.57542	9.00994	0.12907
36(C)	0.00101	1.50662	2.93230	0.04231
37(C)	0.00041	0.69744	1.45415	0.02091
38(C)	0.00773	4.78836	14.09780	0.20228
39(C)	0.00267	0.09344	0.00776	0.54523
40(H)	0.00127	0.23931	0.01979	1.38588
41(H)	0.00224	0.26830	0.01033	0.72723
42(H)	0.00136	0.03443	0.00083	0.06391
43(C)	0.00186	0.07437	0.53228	0.00760
44(H)	0.00041	0.02750	0.06711	0.00087
45(H)	0.00108	0.18782	1.38340	0.01976
46(H)	0.00130	0.21241	0.71271	0.01008
47(H)	-0.00002	0.00777	0.00071	0.05056
48(H)	0.00004	0.00622	0.04979	0.00070
49(H)	-0.00002	0.00455	0.00020	0.01411
50(H)	0.00000	0.00336	0.01492	0.00021
51(H)	0.00064	0.01237	0.09613	0.00127
52(H)	-0.00000	0.00825	0.00023	0.01630
53(H)	0.00000	0.00650	0.01611	0.00023
54(H)	0.00423	0.01554	0.00115	0.08314
55(Br)	0.00363	4.28168	1.96930	0.02822
56(Br)	0.00370	5.43095	0.02777	1.96353

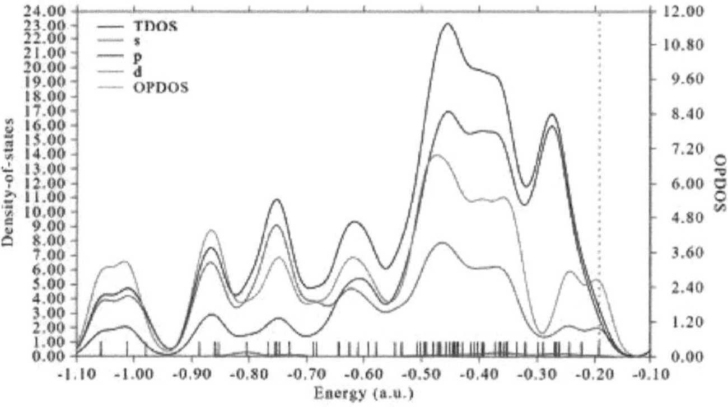

Figura 22. O TDOS e as orbitais s, p e d da molécula 4PMI (as linhas tracejadas verticais correspondem ao nível de energia HOMO do composto)

Tabela 14. Átomos que contribuem para as orbitais HOMO, HOMO+1, LUMO e LUMO-1.

Átomo	HOMO(%)	HOMO-1(%)	LUMO(%)	LUMO+1(%)
1(C)	0.00066	4.37990	0.00160	0.39505
2(C)	0.00818	1.46587	0.05610	13.63718
3(C)	0.00034	1.85533	0.01659	4.02020
4(C)	0.00694	3.77083	0.02552	6.20204
5(C)	0.00165	3.18778	0.02283	5.61596
6(C)	0.00549	0.42051	0.04088	9.89522
7(C)	0.01648	0.35296	0.08636	20.76114
8(N)	0.02099	1.89886	0.08295	20.17911
9(N)	0.19040	1.88956	0.00769	1.91879
10(H)	0.02829	0.01166	0.00005	0.01833
11(C)	0.48812	0.10305	0.02473	5.71464
12(O)	0.01648	0.86624	0.02182	5.04479
13(C)	0.54858	0.00342	0.00137	0.09245
14(H)	2.89797	0.02416	0.00327	0.38525
15(H)	0.29691	0.01934	0.00214	0.30805
16(C)	3.08295	0.00402	0.00058	0.00647
17(C)	3.08232	0.00161	0.00644	0.00062
18(H)	4.76285	0.00009	-0.00007	0.00204
19(H)	4.87528	0.00247	0.00534	0.00146
20(H)	4.86489	0.00116	0.00164	0.00399
21(H)	4.77087	0.00003	0.00244	-0.00010
22(N)	32.76078	0.05039	0.00353	0.00353
23(N)	32.74677	0.03317	0.00926	0.00281
24(C)	0.55081	0.00282	0.11122	0.00067
25(H)	2.89283	0.04410	0.39097	0.00092
26(H)	0.29862	0.03956	0.30937	0.00084
27(C)	0.48061	0.27224	5.68748	0.02332
28(O)	0.01585	2.25689	5.02524	0.02090
29(N)	0.17642	4.85332	1.89777	0.00806
30(H)	0.03421	0.03082	0.04477	0.00015
31(N)	0.02114	4.98047	20.15276	0.08451
32(C)	0.01366	0.86562	20.77770	0.08643
33(C)	0.00094	8.26217	5.55562	0.02356
34(C)	0.00590	1.12243	9.91461	0.04153
35(C)	0.00517	9.75633	6.26493	0.02627
36(C)	0.00014	11.40135	0.38815	0.00165
37(C)	0.00086	4.86629	4.02253	0.01689

38(C)	0.00701	3.74933	13.69148	0.05755
39(C)	0.00244	0.00498	0.00199	0.48275
40(H)	0.00116	0.01300	0.00588	1.40768
41(H)	0.00202	0.01578	0.00387	0.93409
42(H)	0.00090	0.00069	0.00031	0.08845
43(C)	0.00166	0.01135	0.46436	0.00193
44(H)	0.00017	0.00244	0.10312	0.00039
45(H)	0.00098	0.03963	1.38730	0.00579
46(H)	0.00104	0.03220	0.89032	0.00371
47(H)	0.00003	0.00140	0.00022	0.05443
48(H)	0.00004	0.00363	0.05449	0.00023
49(H)	0.00003	0.00556	0.00007	0.01805
50(H)	0.00002	0.01453	0.01808	0.00008
51(H)	0.00003	0.01230	0.07607	0.00032
52(H)	0.00003	0.00479	0.00031	0.07586
53(O)	0.00065	3.92996	0.00934	2.23801
54(O)	0.00106	10.22531	2.28327	0.00949
55(Br)	0.00029	3.53313	0.00019	0.04807
56(Br)	0.00003	9.19014	0.04176	0.00018
57(H)	0.00399	0.08128	0.00128	0.00001
58(H)	0.00507	0.03173	0.00008	0.02823

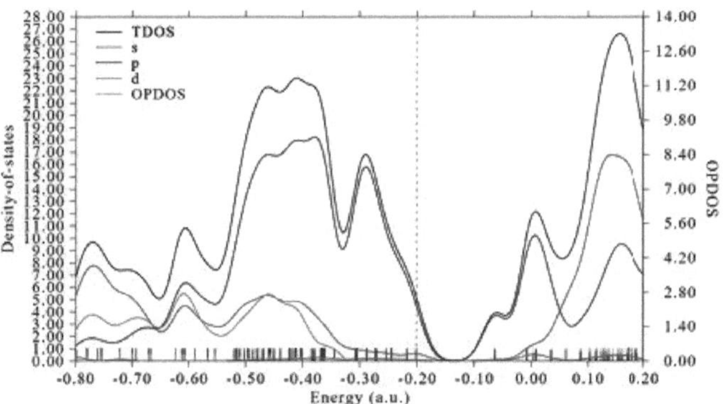

Figura 23. O TDOS e as orbitais s, p e d da molécula 2OH5PMI (As linhas tracejadas verticais correspondem ao nível de energia HOMO do composto)

Simulações de docking molecular e conceção de medicamentos

Este estudo examina simulações de acoplamento molecular, um método utilizado no processo de conceção de medicamentos. O docking molecular é um método computacional utilizado para compreender a forma como os compostos químicos, conhecidos como ligandos, se ligam a proteínas-alvo e as suas interações. Neste estudo, as estruturas cristalinas das bactérias Staphylococcus aureus (PDB ID: 1JII) e Escherichia coli (PDB ID: 5A5F) foram obtidas no Protein Data Bank (PDB, https://www.rcsb.org). Estas estruturas cristalinas representam as estruturas das proteínas alvo. Os ficheiros PDB que contêm informações sobre a estrutura das proteínas foram importados para o programa PyRx, que foi utilizado para realizar o processo. Posteriormente, as moléculas de água foram removidas das estruturas das proteínas e os ficheiros pdbqt foram guardados. Os ficheiros PDBQT são necessários para as simulações de docagem molecular. Os processos de docagem molecular foram efectuados com o software AutoDockVina . Como resultado das simulações de acoplamento molecular, foi determinado o modo como os ligandos se ligam às proteínas alvo e foram identificados potenciais motivos de ligação. Estas simulações foram efectuadas para obter os modos de ligação mais favoráveis. Estes resultados ajudam a identificar potenciais candidatos a fármacos para a conceção de fármacos. Os dados obtidos foram analisados e visualizados utilizando o programa Biovia Discovery Studio Visualizer. Este estudo representa um passo importante no processo de desenho de fármacos para identificar potenciais fármacos e compreender como os fármacos se ligam às proteínas alvo. As simulações de docking molecular podem servir como uma referência fundamental para futuros estudos de desenvolvimento de fármacos. As pontuações de docking são dados essenciais que avaliam a interação e a probabilidade de ligação de um ligando (4PMI e 2OH5PMI) a um recetor (estruturas das proteínas 1JII e 5A5F). Simultaneamente, estas simulações são de importância crítica para a potencial conceção de medicamentos e para a compreensão dos mecanismos de interação.

Pontuações de docking: As pontuações de acoplamento são resultados críticos que demonstram como os compostos 4PMI e 2OH5PMI se ligam e interagem com as estruturas proteicas 1JII e 5A5F. Estas pontuações de acoplamento são fornecidas em pormenor na **Tabela 15.** Além disso, **a Figura 24** ilustra as poses de ambos os ligandos nas regiões activas dos receptores. As pontuações de acoplamento são valores numéricos que reflectem normalmente a força ou a probabilidade da interação entre o ligando e o recetor. A docagem molecular resultou no cálculo do melhor valor de afinidade, e as interações entre o recetor e o ligando são apresentadas em 2D e 3D nas **Figuras 25-28.**

Análise de interação: Além disso, as interações dos compostos 4PMI e 2OH5PMI com as estruturas proteicas 1JII e 5A5F foram analisadas em pormenor. Esta análise é apresentada nas **Tabelas 16-19**. Estas tabelas mostram quais os átomos dos ligandos que interagem com o recetor e apresentam os modos de ligação.

As pontuações obtidas a partir destas simulações de acoplamento indicam que o composto 2OH5PMI obteve uma pontuação de acoplamento elevada com as estruturas proteicas 1JII e 5A5F em comparação com o composto 4PMI. Isto sugere que o composto 2OH5PMI apresenta uma interação mais forte com estes receptores específicos e pode ser mais eficaz como potencial medicamento. Estes resultados são importantes para a avaliação de potenciais candidatos a medicamentos na conceção de medicamentos e na investigação médica.

Tabela 15. Valores de afinidade pertencentes a diferentes conformações dos ligandos 4PMI e 2OH5PMI

Reseptor	Ligando	Afinidade (kcal/mol)
1JII	4PMI	**-7.966**
	2OH5PMI	**-9.561**
5A5F	4PMI	**-7.204**
	2OH5PMI	**-7.305**

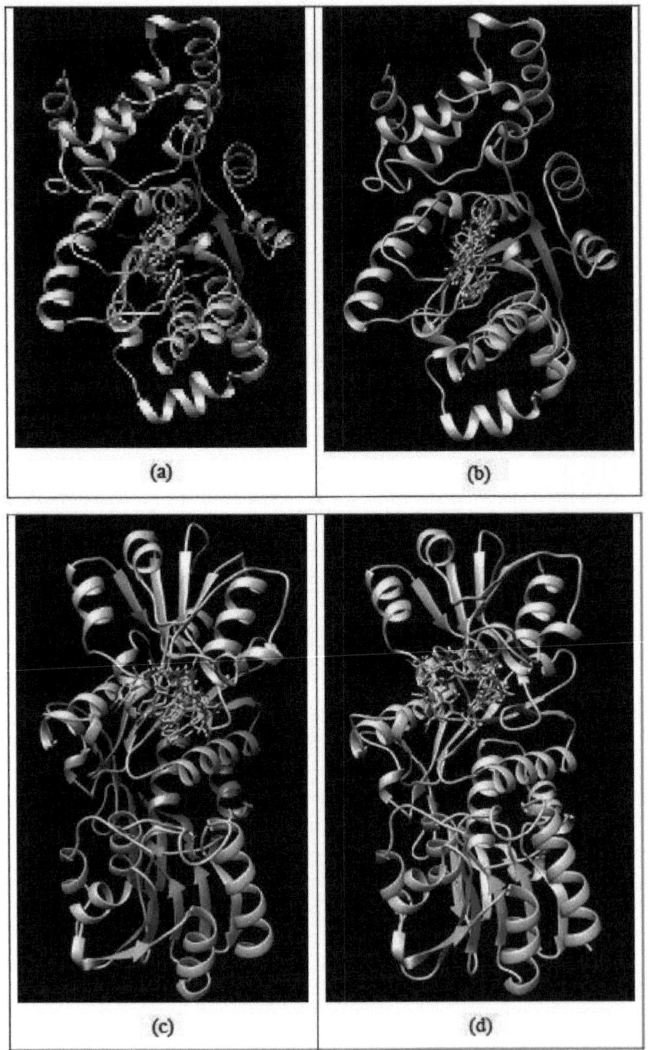

Figura 24. Posições dos ligandos no sítio ativo de ligação dos receptores (a) complexos 4PMI-1JII_(b) 2OH5PMI-1JII (c) 4PMI-5A5F (d) 2OH5PMI-5A5F

As figuras 25-28 fornecem indicadores altamente informativos para avaliar as propriedades de semelhança com medicamentos dos compostos. Os mapas de potencial eletrostático são ferramentas importantes utilizadas em estudos de conceção molecular e de descoberta de fármacos. Estes mapas realçam visualmente as regiões de interação potencial e ajudam a compreender as interações moleculares.

Além disso, os estudos de acoplamento molecular apoiaram estes resultados e validaram as actividades inibitórias dos compostos. Ao examinar várias interações entre os ligandos e os locais activos das enzimas, estes estudos ajudam-nos a compreender como os fármacos podem interagir com as moléculas alvo e os seus mecanismos de inibição. Esta é uma etapa crítica na conceção de medicamentos e reveste-se de grande importância para o desenvolvimento de novos medicamentos e para a melhoria dos tratamentos existentes.

O modo de ligação do ligando 4PMI às regiões de ligação ao substrato dos receptores 1JII e 5A5F é caracterizado por interações fracas não covalentes. Estas interações envolvem ligações de hidrogénio e interações hidrofóbicas (alquilo e π-alquilo). Mais especificamente, o ligando 4PMI forma seis interações clássicas de ligação de hidrogénio com o recetor 1JII e, de forma semelhante, três interações clássicas de ligação de hidrogénio com o recetor 5A5F. Estas interações ocorrem entre os átomos O e N do ligando 4PMI e os resíduos de aminoácidos ASP39, ALA38 e GLY191 do recetor 1JII, bem como os resíduos de aminoácidos GLY14, THR36 e SER71 do recetor 5A5F. Estas interações permitem que o ligando 4PMI se ligue de forma específica e selectiva ao recetor, afectando assim a atividade biológica.

As ligações de hidrogénio são ligações covalentes fracas entre os átomos de O e N do ligando e os resíduos de aminoácidos no recetor capazes de formar ligações de hidrogénio. Estas ligações contribuem para a ligação estreita do ligando ao recetor, afectando assim a atividade biológica. Por outro lado, as interações hidrofóbicas, as interações alquilo e π-alquilo permitem que o ligando interaja com os resíduos de aminoácidos hidrofóbicos. Estas interações podem estabilizar a ligação do ligando ao recetor, aumentando assim a força da interação.

O ligando 2OH5PMI formou 7 interações clássicas de ligação de hidrogénio e 4 interações hidrofóbicas com o recetor 1JII e, do mesmo modo, formou 5 interações clássicas de ligação de hidrogénio e 6 interações hidrofóbicas com o recetor 5A5F. As interações de ligação de hidrogénio envolvem os átomos O e N do ligando 2OH5PMI com os resíduos de aminoácidos ALA38 e GLY191 do recetor 1JII, bem como os resíduos de aminoácidos GLY14, THR36, ARG37, ILE74 e HIS78 do recetor 5A5F. Por outro lado, as interações hidrofóbicas, as interações alquilo e π-alquilo permitem que o ligando interaja com os resíduos de aminoácidos hidrofóbicos.

As análises deste tipo são de grande importância na conceção de medicamentos e na compreensão das interações biológicas, uma vez que uma compreensão detalhada das interações entre o recetor e o ligando pode ajudar na conceção de medicamentos mais eficazes.

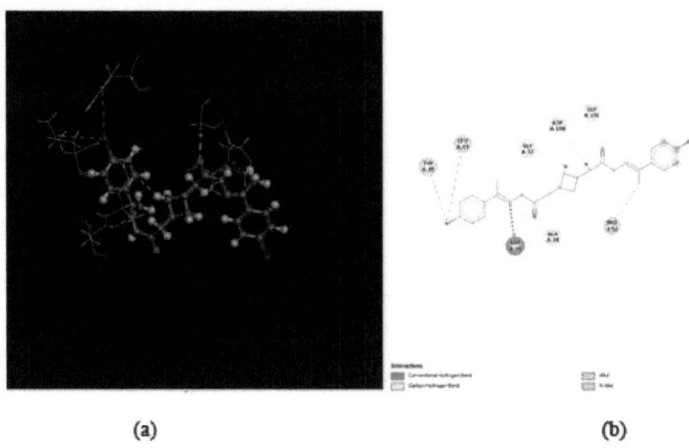

(a) (b)

Figura 25. (a) A posição do ligando 4PMI localizado no sítio ativo da proteína 1JII na estrutura do complexo mapeada com o potencial eletrostático e (b) diagrama bidimensional da interação ligando-recetor

Tabela 16. Interações entre o ligando 4PMI e a proteína 1JII

Nome	Distance	Categoria	Tipos	De	De Chemistr y	Para	Para a química	Angle DHA
A:ASP39: HN-Z:UNK1 :N8	2.17	**Obrigações hidroeléctricas**	**Hidrogeração Conve ncional**	A:ASP39:HN	H-Dono r	Z:UNK1:N8	H-Acceptor	152.389
			Obrigação					
A:ALA38: HA-Z:UNK1 :N8	2.76	**Obrigações hidroeléctricas**	**Carbo n Hydro gen Bond**	A:ALA38:HA	H-Dono r	Z:UNK1:N8	H-Acceptor	139.585
A:GLY191:HA2-Z:UNK1:O28	2.58	**Obrigações hidroeléctricas**	**Carbo n Hydro gen Bond**	A:GLY191:HA2	H-Dono r	Z:UNK1:O28	H-Acceptor	129.725
Z:UNK1 : H4-A:GLY	2.77	**Obrigações hidroeléctricas**	**Carbo n Hydro gen Bond**	Z:UNK1:H4	H-Dono r	A:GLY37:O	H-Acceptor	155.79

3 7:O								
Z:UNK 1 : H16 - A:ASP1 94:OD1	2.84	Obrigações hidroeléctricas	Carbo n Hydro gen Bond	Z:UNK 1 :H16	H- Dono r	A:ASP1 94:OD1	H- Acce ptor	122 . 305
Z:UNK 1 : H16 - A:ASP1 94:OD2	2.98	Obrigações hidroeléctricas	Carbo n Hydro gen Bond	Z:UNK 1 :H16	H- Dono r	A:ASP1 94:OD2	H- Acce ptor	122 . 534
Z:UNK 1 : BR5 6- A:LEU6 9	4.85	Hidrofóbico	Alquilo	Z:UNK 1 :BR56	Alquil o	A:LEU 6 9	Alky l	
Z:UNK 1 : C43- A:PRO5 2	4.23	Hidrofóbico	Alquilo	Z:UNK 1 :C43	Alquil o	A:PRO 5 2	Alky l	
A:TYR3 5- Z:UNK 1 :BR56	4.90	Hidrofóbico	Pi- Alquilo	A:TYR 3 5	Pi- Órbita als	Z:UNK 1:BR56	Alky l	

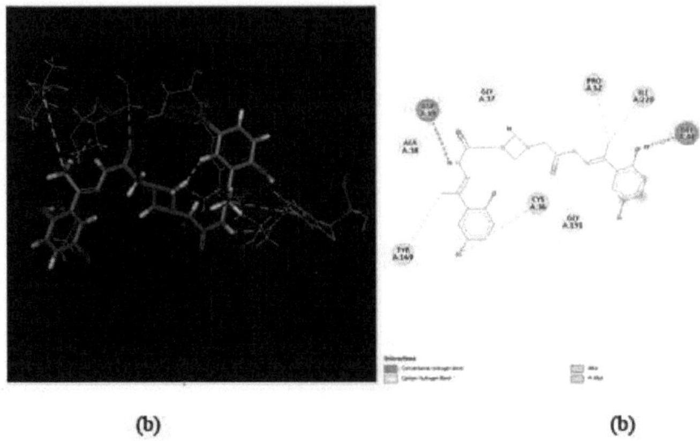

(b) (b)

Figura 26. (a) A posição do ligando 2OH5PMI localizado no sítio ativo da proteína 1JII na estrutura do complexo mapeada com o potencial eletrostático e (b) diagrama bidimensional da interação ligando-recetor

Tabela 17. Interações entre o ligando 2OH5PMI e a proteína 1JII

Nome	Dist anc e	Categoria	Tipos	De	De Che	Para	Para a química	An g le
					mistr y		indústri a	DH A
Z:UNK 1 :H10 - A:ASP3 9:OD1	2.18	Obrigações hidroeléctrica s	Conve ncional Obrigações hidroeléctrica s	Z:UNK 1 :H10	H- Dono r	A:ASP 3 9:OD1	H- Acce ptor	127 . 143
Z:UNK 1 :H57 - A:GLY 4 8:O	1.96	Obrigações hidroeléctrica s	Conve ncional Obrigações hidroeléctrica s	Z:UNK 1 :H57	H- Dono r	A:GLY 48:O	H- Acce ptor	173 . 507
A:ALA 3 8:HA - Z:UNK 1 :N8	2.56	Obrigações hidroeléctrica s	Carbo n Hydro gen Bond	A:ALA 3 8:HA	H- Dono r	Z:UNK 1:N8	H- Acce ptor	145 . 216
A:GLY 1 91:HA2 -	2.67	Obrigações hidroeléctrica s	Carbo n Hydro gen Bond	A:GLY 1 91:HA2	H- Dono r	Z:UNK 1:O28	H- Acce ptor	133 . 176

Z:UNK 1 :O28								
Z:UNK 1 :HC2 - A:GLY 3 7:O	2.71	Obrigações hidroeléctricas	Carbo n Hydro gen Bond	Z:UNK 1 :HC2	H- Dono r	A:GLY 37:O	H- Acce ptor	147 . 317
Z:UNK 1 :BR55 - A:CYS3	4.77	Hidrofóbico	Alquilo	Z:UNK 1 :BR55	Alquil o	A:CYS 36	Alquilo	
6								
Z:UNK 1 :C43 - A:PRO 5 2	4.26 3	Hidrofóbico	Alquilo	Z:UNK 1 :C43	Alquil o	A:PRO 52	Alquilo	
Z:UNK 1 :C43 - A:ILE2 2 0	5.49 0	Hidrofóbico	Alquilo	Z:UNK 1 :C43	Alquil o	A:ILE2 20	Alquilo	
A:TYR 1 69 - Z:UNK 1 :C39	5.24 0	Hidrofóbico	Pi- Alquilo	A:TYR 1 69	Pi- Órbita als	Z:UNK 1:C39	Alquilo	

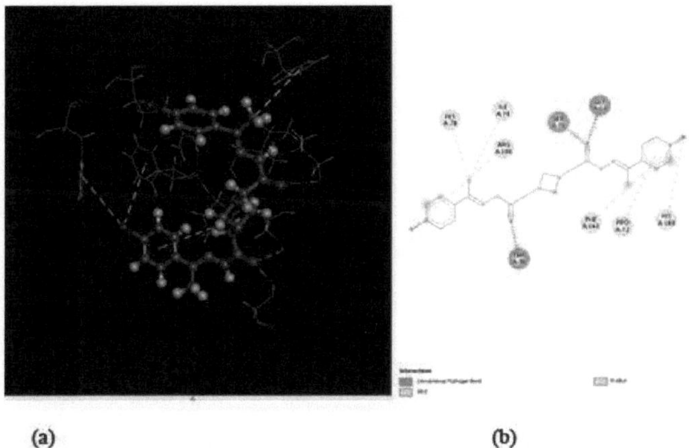

(a) (b)

Figura 27. (a) A posição do ligando 4PMI localizado no sítio ativo da proteína

5A5F na estrutura complexa mapeada com o potencial eletrostático e (b) diagrama bidimensional da interação ligando-recetor

Tabela 18. Interações entre o ligando 4PMI e a proteína 5A5F

Nome	Distance	Categoria	Tipos	De	De Chemistr y	Para	Para a química	Angle DHA
A:GLY 14:HN - Z:UNK 1:O28	2.13544	Obrigações hidroeléctricas	Conve ncional Obrigações hidroeléctricas	A:GLY 14:HN	H-Dono r	Z:UNK 1:O28	H-Acceptor	131.583
A:THR 36:HN - Z:UNK 1:O12	2.12533	Obrigações hidroeléctricas	Obrigações hidroeléctricas nacionais	A:THR 36:HN	H-Dono r	Z:UNK 1:O12	H-Acceptor	157.288
A:SER71:HG - Z:UNK 1:O28	2.84432	Obrigações hidroeléctricas	Obrigações hidroeléctricas nacionais	A:SER71:HG	H-Dono r	Z:UNK 1:O28	H-Acceptor	133.881
Z:UNK 1:C39 - A:ILE74	4.44401	Hidrofóbico	Alquilo	Z:UNK 1:C39	Alquilo	A:ILE 7 4	Alquilo	
Z:UNK 1:BR56 - A:ARG	4.32098	Hidrofóbico	Alquilo	Z:UNK 1:BR56	Alquilo	A:ARG 186	Alquilo	
186								
A:HIS78 - Z:UNK 1:C39	4.86419	Hidrofóbico	Pi-Alquilo	A:HIS78	Pi-Órbitaals	Z:UNK 1:C39	Alquilo	
A:PHE 1 61 - Z:UNK 1:BR55	4.81703	Hidrofóbico	Pi-Alquilo	A:PHE 1 61	Pi-Orbitals	Z:UNK 1:BR55	Alquilo	
A:HIS183 - Z:UNK 1:BR55	4.86814	Hidrofóbico	Pi-Alquilo	A:HIS183	Pi-Órbitaals	Z:UNK 1:BR55	Alquilo	

Z:UNK 1 - A:PRO 72	4.66 022	Hidrofóbico	Pi-Alquilo	Z:UNK 1	Pi-Orbit als	A:PRO 72	Alquilo	

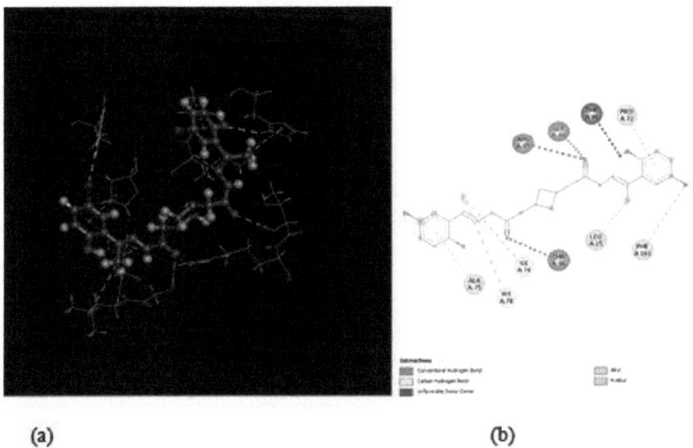

(a) (b)

Figura 28. (a) A posição do ligando 2OH5PMI localizado no sítio ativo da proteína 5A5F na estrutura complexa mapeada com o potencial eletrostático e (b) diagrama bidimensional da interação ligando-recetor

Tabela 19. Interações entre o ligando 2OH5PMI e a proteína 5A5F

Nome	**Dist anc e**	**Categoria**	**Tipos**	**De**	**De Che mistr y**	**Para**	**Para a químic a**	**An g le DH A**
A:GLY 1 4:HN - Z:UNK 1 :O28	**2.10**	**Obrigações hidroeléctrica s**	**Obrigações hidroeléctrica s nacionais**	**A:GLY 1 4:HN**	**H-Dono r**	**Z:UN K 1:O28**	**H-Acce ptor**	**124 . 719**
A:THR 3 6:HN -	**2.52**	**Hidrogeração**	**Conve nacional**	**A:THR 3 6:HN**	**H-Dono**	**Z:UN K 1:O12**	**H-Acce**	**146 . 122**
Z:UNK 1 :O12		**Obrigação**	**Obrigações hidroeléctrica s**		**r**		**ptor**	
A:ARG	**2.77**	**Obrigações**	**Obrigações**	**A:ARG**	**H-**	**Z:UN**	**H-**	**122**

3 7:HH22 - Z:UNK 1 :O28		hidroeléctrica s	hidroeléctrica s nacionais	3 7:HH22	Dono r	K 1:O28	Acce ptor	. 021
A:ILE7 4 :HA - Z:UNK 1 :N8	3.02	Obrigações hidroeléctrica s	Carbo n Hydro gen Bond	A:ILE7 4 :HA	H- Dono r	Z:UN K 1:N8	H- Acce ptor	128 . 964
A:HIS7 8 :HD2 - Z:UNK 1 :O53	2.90	Obrigações hidroeléctrica s	Carbo n Hydro gen Bond	A:HIS7 8 :HD2	H- Dono r	Z:UN K 1:O53	H- Acce ptor	147 . 291
Z:UNK 1 :C39 - A:ILE7 4	4.73	Hidrofóbico	Alquilo	Z:UNK 1 :C39	Alquil o	A:ILE 7 4	Alky l	
Z:UNK 1 :C43 - A:LEU1 5	4.77	Hidrofóbico	Alquilo	Z:UNK 1 :C43	Alquil o	A:LEU 15	Alky l	
A:HIS7 8 - Z:UNK 1 :C39	4.93	Hidrofóbico	Pi- Alquilo	A:HIS7 8	Pi- Orbit als	Z:UN K 1:C39	Alky l	
A:PHE1	4.87	Hidro	Pi-	A:PHE1	Pi-	Z:UN K	Alky	
61 - Z:UNK 1 :BR56		fóbico	Alquilo	61	Órbita als	1:BR5 6	l	
Z:UNK 1 - A:ALA7 5	4.82	Hidrofóbico	Pi- Alquilo	Z:UNK 1	Pi- Orbit als	A:ALA 75	Alky l	
Z:UNK 1 - A:PRO7 2	4.15	Hidrofóbico	Pi- Alquilo	Z:UNK 1	Pi- Orbit als	A:PRO 72	Alky l	

Simulações de Dinâmica Molecular (MD)

As simulações de dinâmica molecular (MD) são um método eficaz utilizado para investigar os movimentos físicos de átomos e moléculas. Estas simulações são amplamente utilizadas para compreender e modelar o seu comportamento em diferentes condições de temperatura e pressão. Em domínios científicos como a química e a biologia, as simulações de dinâmica molecular são consideradas uma ferramenta valiosa para compreender e analisar acontecimentos a nível molecular. Estas simulações são particularmente importantes em áreas como a bioquímica e a conceção de medicamentos.

A base das simulações de dinâmica molecular assenta em modelos matemáticos designados por campos de forças. Estes campos de forças englobam superfícies de energia potencial que definem as interações entre átomos e moléculas. As simulações de dinâmica molecular utilizam equações mecânicas clássicas para modelar o movimento de átomos e moléculas ao longo do tempo, utilizando estas superfícies de energia potencial. Estas simulações baseiam-se nas leis do movimento de Newton e imitam o comportamento de um sistema sob a influência de variáveis termodinâmicas como a temperatura e a pressão.

As simulações de dinâmica molecular acompanham o movimento de átomos e moléculas através de uma série de passos computacionais. Estes cálculos utilizam o estado anterior para calcular a posição e a velocidade seguintes. Desta forma, o movimento da molécula é monitorizado ao longo do tempo. As simulações de dinâmica molecular são efectuadas através de programas de computador e podem exigir um grande número de cálculos.

O software Gromacs é uma ferramenta comummente utilizada para efetuar simulações de dinâmica molecular. Este software utiliza campos de força para modelar as interações entre átomos e pode efetuar simulações em condições de fronteira periódicas. O Gromacs é particularmente popular nos domínios da bioquímica e dos estudos de dinâmica de proteínas.

Quando se olha para a história das simulações de dinâmica molecular, estas foram introduzidas pela primeira vez por Alder e Wainwright no final da década de 1950. As primeiras simulações realistas foram realizadas por Rahman em 1964, modelando o comportamento do árgon líquido. As simulações de proteínas surgiram em 1977 com a simulação do inibidor de tripsina pancreática bovina (BPTI) [39-40].

Por conseguinte, as simulações de dinâmica molecular são uma ferramenta poderosa para compreender e examinar os movimentos físicos de átomos e moléculas, e têm uma importância significativa em várias disciplinas científicas.

Com base nos resultados das simulações de acoplamento molecular, foram seguidos os seguintes passos para analisar as estruturas do complexo recetor-ligando:

Análise dos resultados da simulação de docking molecular: A etapa inicial envolve a análise dos complexos recetor-ligando gerados como resultado das simulações de docking. É crucial identificar as conformações com as melhores pontuações energéticas para estes complexos.

Preparação da estrutura do ligando: As estruturas químicas dos ligandos a analisar precisam de ser definidas. Por conseguinte, as distribuições de carga das estruturas químicas dos ligandos 4PMI e 2OH5PMI foram criadas e convertidas para o formato ".mol".

Geração de ficheiros de parâmetros de ligandos: Os ficheiros de topologia e de parâmetros para cada ligando foram criados utilizando o módulo "acpype" do AmberTools. Estes ficheiros definem os ligandos no campo de forças e são necessários para a realização de simulações de dinâmica molecular.

Criação do ficheiro de topologia do recetor: Para realizar simulações de dinâmica molecular, é necessário um ficheiro de topologia para a estrutura do recetor. Para o efeito, foi utilizado o módulo "pdb2gmx". O campo de força Amber99SB foi selecionado e este processo resultou na criação de ficheiros de coordenadas (.gro), um ficheiro que especifica todos os átomos (.itp) e um ficheiro de topologia (.top) para a estrutura da proteína.

Estas etapas envolvem uma análise e preparação adicionais para simulações de dinâmica molecular com base nos resultados das simulações de acoplamento. As simulações de dinâmica molecular são um método poderoso utilizado para examinar mais pormenorizadamente o comportamento dinâmico e as interações dos complexos recetor-ligando.

Para construir todas as estruturas complexas, foi definida uma caixa de célula unitária adequada. As estruturas complexas criadas foram definidas num sistema de caixa cúbica com dimensões x=15 nm, y=15 nm, z=15 nm. Além disso, foram utilizados iões de sódio (Na+) para a neutralização de todos os sistemas. Isto assegurou que todos os sistemas estavam preparados para a minimização da energia antes do processo de simulação, de modo a obter um estado estável (**Figura 29**).

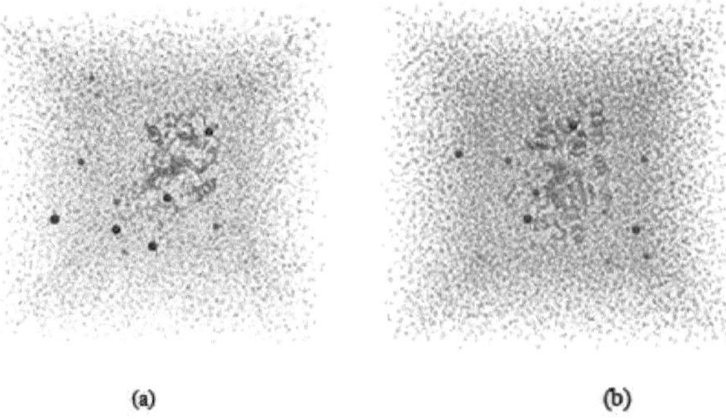

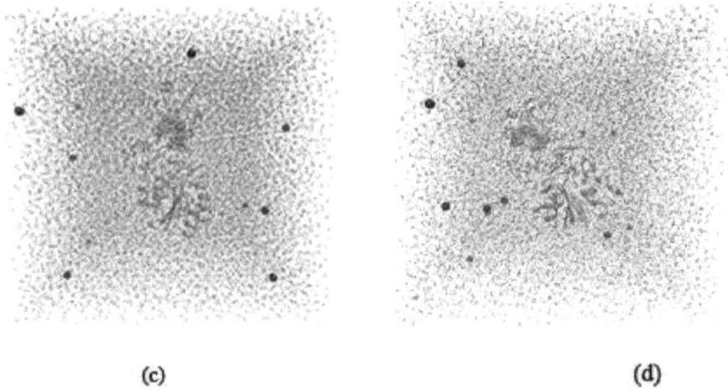

(c) (d)

Figura 29. Sistema de (a) 4PMI-1JII (b) 2OH5PMI-1JII (c) 4PMI-5A5F (d) 2OH5PMI-5A5F cheio de água, neutralizado com ligando (verde), iões Na^+

Operações como a adição ou remoção de ligações de hidrogénio podem levar a colisões entre átomos dentro de uma proteína quando os átomos estão muito próximos. Estas colisões podem perturbar o equilíbrio energético do sistema. Para resolver estes problemas, é utilizado um processo de otimização conhecido como minimização de energia. A minimização de energia com o algoritmo de descida mais acentuada foi efectuada para os quatro sistemas. Este processo foi concebido para otimizar a energia potencial do sistema e reduzir as interações indesejadas. O processo de minimização foi completado em 1000 passos, com o cálculo da variação da energia potencial em cada passo. Na **Figura 30**, observa-se como a energia potencial inicial do sistema se altera durante o processo de minimização de energia. Para os sistemas 4PMI-1JII e 2OH5PMI-1JII, ela diminui de -550.000 kJ/mol para -1.250.000 kJ/mol, enquanto para os sistemas 4PMI-5A5F e 2OH5PMI-5A5F, ela diminui de -550.000 kJ/mol para -1.350.000 kJ/mol. Da mesma forma, é evidente que a energia dos dois primeiros sistemas permanece estável em cerca de -1.250.000 kJ/mol, enquanto os outros sistemas estabilizam em cerca de -1.350.000 kJ/mol durante este processo. Estes resultados demonstram a conclusão bem sucedida da minimização da energia, indicando

indicando que os sistemas foram estabilizados. Este é um passo importante para garantir que as simulações de dinâmica molecular podem produzir resultados fiáveis.

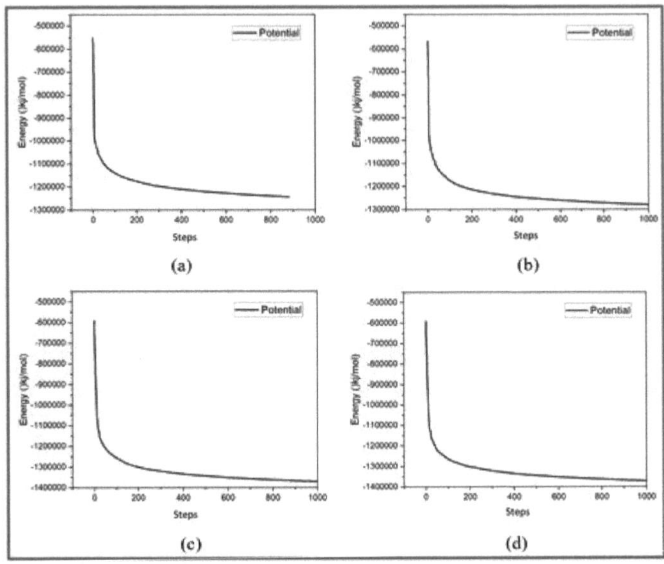

Figura 30. Variação da energia potencial dos sistemas (proteína+água+iões) obtida por minimização da energia dos complexos (a) 4PMI-1JII (b) 2OH5PMI-1JII (c) 4PMI-5A5F (d) 2OH5PMI-5A5F

Antes de iniciar as simulações de Dinâmica Molecular (MD), é essencial equilibrar uniformemente os iões e as moléculas de solvente no sistema. O sistema deve ser levado a uma temperatura específica sob pressão constante e estabilizado a uma temperatura consistente. Seguir estes passos é crucial para obter resultados fiáveis.

Em primeiro lugar, é efectuada uma simulação com o conjunto NVT (número constante de partículas, volume e temperatura). O conjunto NVT é utilizado para garantir que o sistema atinge uma temperatura específica. Durante este processo, é observada uma duração específica para que o sistema atinja a temperatura desejada. Normalmente, utiliza-se uma duração de 10000 ps e uma temperatura de 300 K.

Uma vez estabilizada a temperatura, é necessário fixar a pressão do sistema (ensemble NPT). Para o efeito, utiliza-se primeiro o comando "grompp", seguido da continuação da simulação com o comando "mdrun". A temperatura do sistema é mantida constante a uma média de 300 K, e a pressão do sistema é mantida a 1 bar. Durante este processo, a constante de compressibilidade isotérmica é fixada em 4,5x10-5 bar^{-1} , e a constante de tempo é de 2 ps.

A temperatura do sistema é inicialmente mantida num valor baixo (por exemplo, 1 K) e depois aumentada para a temperatura alvo com uma taxa de aquecimento de

0,1 K/ps.

O raio de corte para as interações de van der Waals e de Coulomb de curto alcance é fixado em 1,4 nm. O método PME (Particle Mesh Ewald) é utilizado para as interações de longo alcance.

Após todas estas fases, os resultados da simulação para três sistemas foram avaliados exaustivamente. Tanto as proteínas quanto os ligantes permaneceram estáveis durante toda a simulação, e seus valores de RMSD estavam dentro de faixas aceitáveis (<2,0 A) (consulte **a Figura 31** e **a Figura 32**). No entanto, como uma descoberta digna de nota, observou-se que o sistema 2OH5PMI-5A5F tinha um valor RMSD mais baixo para o ligante após uma duração de 3000 ps em comparação com os outros três sistemas. Por outro lado, no sistema 4MPI-1JII, verificou-se que o ligando tinha um valor RMSD mais elevado durante a simulação, em comparação com os outros sistemas. Estes resultados indicam a aplicação bem sucedida de simulações de dinâmica molecular nestes sistemas e os dados valiosos obtidos neste estudo, que examina diferentes interações ligando-proteína.

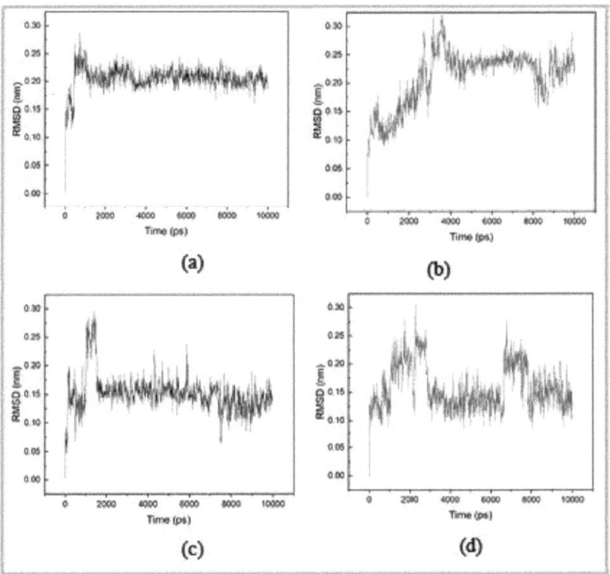

Figura 31. Gráfico do desvio quadrático médio (RMSD) dos ligandos nos quatro sistemas (a) 4MPI-1JII (b) 2OH5PMI-1JII (c) 4MPI-5A5F (d) 2OH5PMI-5A5F

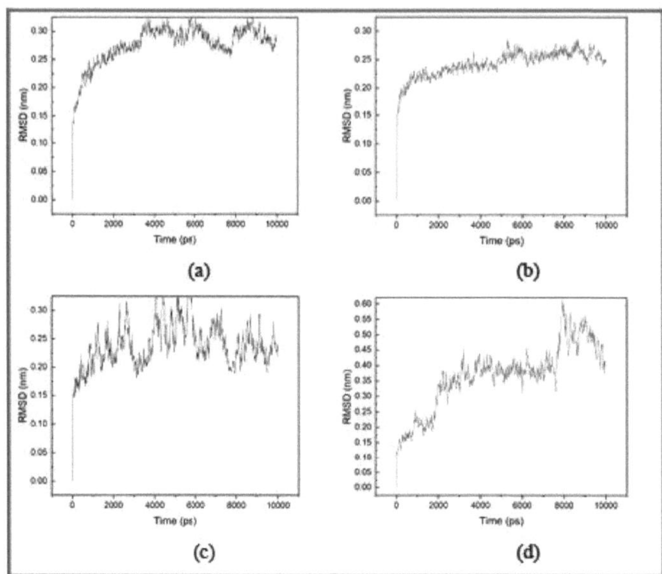

Figura 32. Gráfico do desvio quadrático médio (RMSD) das proteínas em (a) 4MPI-1JII (b) 2OH5
PMI-1JII c) 4MPI-5A5F d) 2OH5PMI-5A5F quatro sistemas

O gráfico densidade-tempo foi criado como um gráfico que ilustra como a densidade do sistema muda ao longo do tempo (**Figura 33**). No gráfico, a densidade média é representada por uma linha de cor azul. Nos gráficos de cada sistema, a densidade média foi determinada sob as mesmas condições. Por exemplo, para quatro sistemas diferentes com uma duração de 10000 picossegundos (ps), os valores médios da densidade são os seguintes:

- Densidade média do complexo 4PMI-1JII: 1006,94 kg/m^3
- Densidade média do complexo 2OH5PMI-1JII: 1006,75 kg/m3
- Densidade média para 4PMI-5A5F: 1010,27 kg/m^3
- Densidade média para 2OH5PMI-5A5F: 1010,36 kg/m3

Estes valores são bastante próximos do valor da densidade experimental da água, que é de 1000 kg/m3. Isto indica que os resultados da simulação para os sistemas apresentam densidades semelhantes às da água. A proximidade da densidade sugere que os resultados da simulação estão em boa concordância com a realidade física e que o sistema está num estado estável.

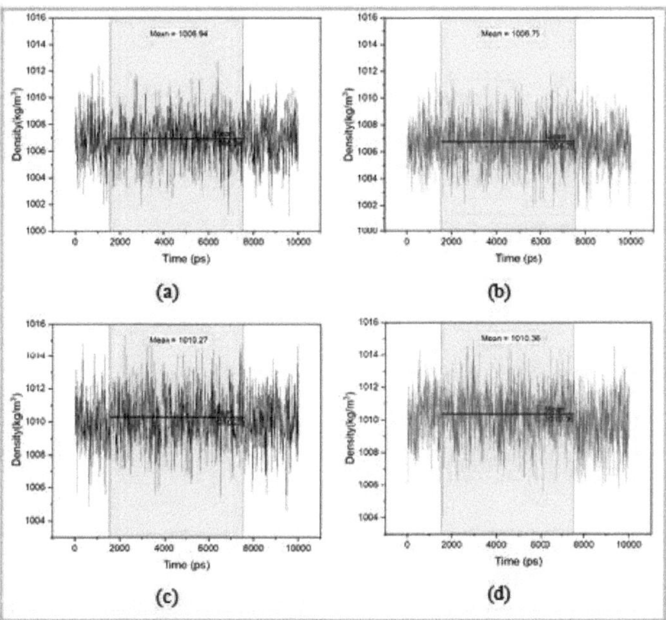

Figura 33. Gráfico de densidade dos complexos (a) 4MPI-1JII (b) 2OH5PMI-1JII (c) 4MPI-5A5F (d) 2OH5PMI-5A5F (proteína e ligando)

A Figura 34 mostra como a pressão muda ao longo do tempo durante um período de 10000 ps. A pressão média é realçada a azul. Apesar das flutuações significativas nos valores de pressão no gráfico pressão-tempo obtido durante o período de equilíbrio de 10000 ps em condições de pressão constante, temperatura constante e contagem de moléculas constante, essas flutuações são as seguintes:

- Para o complexo 4PMI-1JII, os valores de pressão oscilaram em torno de -4 bar, com um valor médio de pressão de -4,01 bar.
- Para o complexo 2OH5PMI-1JII, os valores de pressão flutuaram em torno de -0,5 bar, com um valor médio de pressão de -0,59 bar.
- Para o complexo 4PMI-5A5F, os valores de pressão flutuaram em torno de 1 bar, com um valor médio de pressão de 1,23 bar. Este valor é bastante próximo do valor de 1 bar.
- Para o complexo 2OH5PMI-5A5F, os valores de pressão oscilaram em torno de -5 bar, com um valor médio de pressão de -5,66 bar.

Estes resultados indicam que cada complexo varia dentro de um intervalo de pressão específico e que os valores médios de pressão permanecem consistentes ao longo de toda a duração.

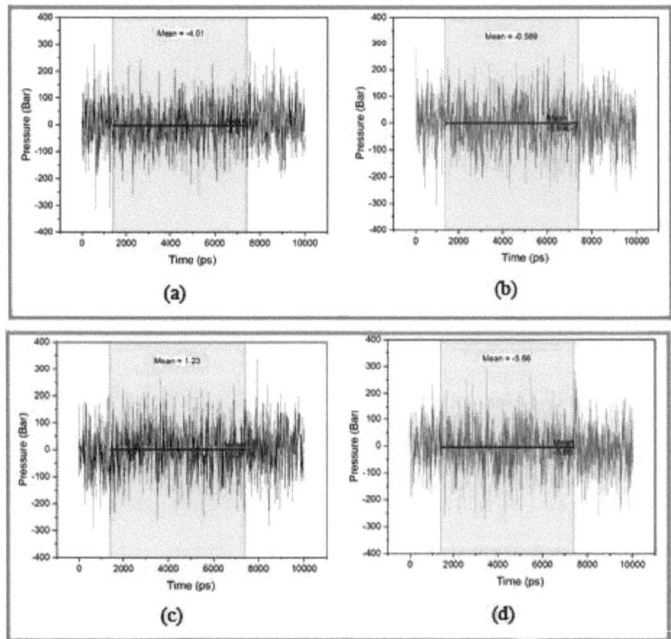

Figura 34. Gráfico de pressão dos complexos (a) 4MPI-1JII (b) 2OH5PMI-1JII (c) 4MPI-5A5F (d) 2OH5PMI-5A5F (proteína e ligando)

A figura 35 ilustra as alterações do número de ligações de hidrogénio entre os ligandos 4PMI e 2OH5PMI e as estruturas proteicas. Estas ligações de hidrogénio apresentam variações durante a interação do ligando com o recetor proteico em fases específicas. Estas alterações permitem uma compreensão mais pormenorizada da dinâmica das interações do ligando com o recetor.

Em particular, para o complexo 4PMI-1JII, o número de ligações de hidrogénio mostrou uma tendência decrescente à medida que a simulação avançava. Inicialmente, observou-se um máximo de 4 ligações de hidrogénio, mas o seu número foi diminuindo ao longo do tempo. Isto realça a complexidade e a dinâmica das interações do ligando com o recetor.

Para o complexo 2OH5PMI-1JII, por outro lado, o número de ligações de hidrogénio aumentou em diferentes intervalos de tempo durante a simulação. Isto indica que as interações do ligando podem variar em função de processos específicos. Foi observado um máximo de 7 ligações de hidrogénio em diferentes fases da simulação. O número de ligações de hidrogénio também varia para o complexo 4PMI-5A5F e o complexo 2OH5PMI-5A5F. Em ambos os complexos, o número máximo de ligações de hidrogénio foi observado, mas as alterações ocorreram em diferentes intervalos de tempo. Em todos os quatro sistemas, o número máximo de ligações de hidrogénio foi observado no complexo 2OH5PMI-

1JII. Este facto está de acordo com os cálculos de acoplamento molecular, que também resultaram na pontuação de acoplamento mais elevada.
Estes dados demonstram que as simulações de dinâmica molecular são uma ferramenta poderosa para compreender os pormenores e a dinâmica das interações entre ligandos e receptores de proteínas. A análise das ligações de hidrogénio ajuda a compreender melhor a natureza destas interações e alinha-se com os resultados dos cálculos de acoplamento molecular.

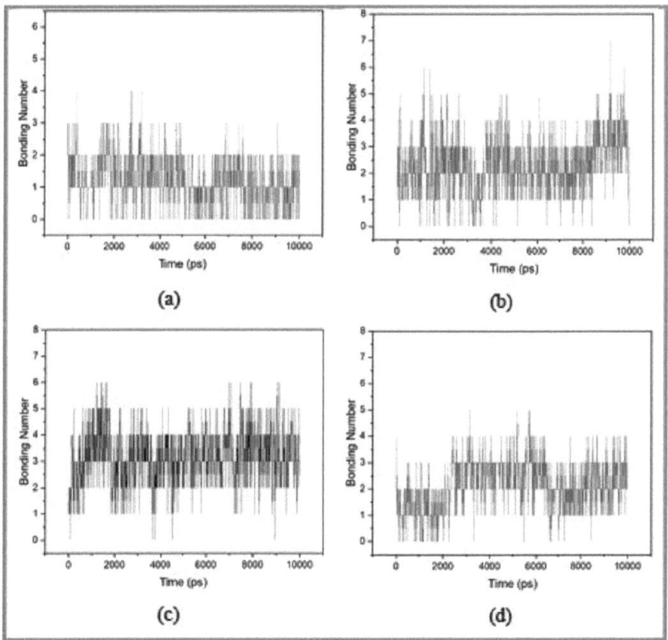

Figura 35. Número de ligações de hidrogénio versus tempo de simulação de (a) 4MPI-1JII (b) 2OH5PMI-1JII (c) 4MPI-5A5F (d) complexos 2OH5PMI-5A5F (proteína e ligando)

As energias de Coul-SR (curto alcance de Coulomb) e LJ-SR (curto alcance de Lennard-Jones) são termos utilizados para calcular a energia potencial de uma molécula. A energia de Coul-SR é calculada com base na lei de Coulomb e mede as interações electrostáticas entre moléculas. A força de Coulomb é um mecanismo fundamental para calcular as forças repulsivas e atractivas entre moléculas com cargas elevadas. Este termo de energia capta as interações entre regiões com carga positiva e negativa. As cargas eléctricas de uma molécula podem influenciar as cargas de outras moléculas, afectando a energia potencial. A energia LJ-SR, por outro lado, resulta das interações de van der Waals da molécula. Estas interações dependem da polarização, da densidade eletrónica e dos tamanhos moleculares das moléculas. A energia LJ-SR calcula a energia potencial correspondente à aproximação ou separação das moléculas. Ambas as energias estão relacionadas com as interações entre as moléculas, e a sua soma é utilizada para calcular a energia potencial de uma molécula. Esta energia total é crucial para analisar a estabilidade e as interações de uma molécula. Além disso, estes termos de energia são utilizados para compreender as interações ligando-proteína e na conceção de medicamentos. As energias de interação ligando-proteína são frequentemente medidas utilizando os potenciais de curto alcance (SR) de Lennard-Jones (LJ-SR) e de Coulomb (Coul-SR). Estes termos de energia são frequentemente utilizados para avaliar a eficácia potencial dos fármacos. Por exemplo, uma energia de interação elevada entre um ligando e uma proteína pode aumentar a sua potencial utilização como medicamento.

As energias de interação ligando-proteína foram medidas utilizando os potenciais de curto alcance (SR) Lennard-Jones (LJ-SR) e Coulomb (Coul-SR). Para o complexo 4PMI-1JII, as energias médias de interação Coul-SR e LJ-SR totais são -62,55 ± 16,38 e -238,60 ± 11,39 kJ/mol, respetivamente. Para o complexo 4PMI-5A5F, as energias de interação Coul-SR e LJ-SR totais médias são -69,85 ± 14,89 e -195,87 ± 14,01 kJ/mol, respetivamente. Para o complexo 2OH5PM1-1JII, as energias médias de interação Coul-SR e LJ-SR totais são -81,04 ± 27,01 e - 257,25 ± 11,69 kJ/mol, respetivamente. Finalmente, para o complexo 2OH5PM1-5A5F, as energias de interação Coul-SR e LJ-SR totais médias são -82,68 ± 17,79 e -180,05 ± 14,95 kJ/mol, respetivamente (**Figura 36** e **Figura 37**). Estes valores de energia são importantes para analisar a estabilidade e as interações de cada complexo.

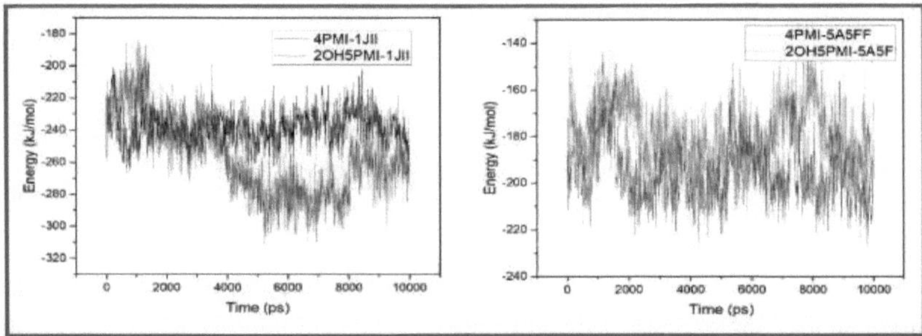

Figura 36. Energias de interação de Lennard-Jones (LJ-SR) entre a proteína e o ligando

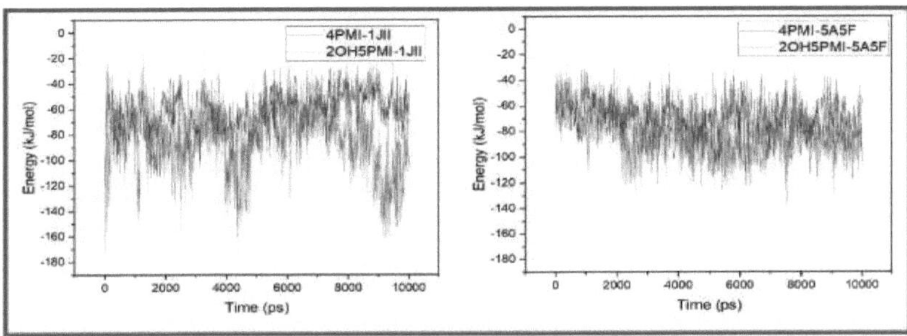

Figura 37. Energias de interação de Coulomb (Coul-SR) entre a proteína e o ligando

Observou-se que as distâncias mínimas de interação entre as moléculas do ligando e da proteína se mantêm constantes durante um longo período de simulação. Isto indica que os ligandos interagem consistentemente com as moléculas de proteína e que as distâncias de interação permanecem inalteradas. Em particular, as distâncias mínimas de interação entre todos os ligandos e proteínas permaneceram constantes durante a duração de 10000 ps. A distância mínima de interação entre o ligando 4PMI e a proteína 1JII é, em média, de 0,196 A, enquanto a distância entre o ligando 2OH5PMI e a proteína 1JII é, em média, de 0,188 A. Do mesmo modo, a distância mínima de interação entre o ligando 4PMI e a proteína 5A5F é, em média, de 0,188 A, e a distância entre o ligando 2OH5PMI e a proteína 5A5F é, em média, de 0,189 A (**Figura 38**). Estes resultados indicam que estes ligandos se ligam estreitamente às proteínas e que esta ligação permanece estável durante todo o período de simulação. Estas interações estáveis desempenham um papel crucial na conceção de medicamentos e nos estudos de reconhecimento molecular, ajudando-nos a compreender os processos através dos quais os medicamentos se ligam às proteínas alvo.

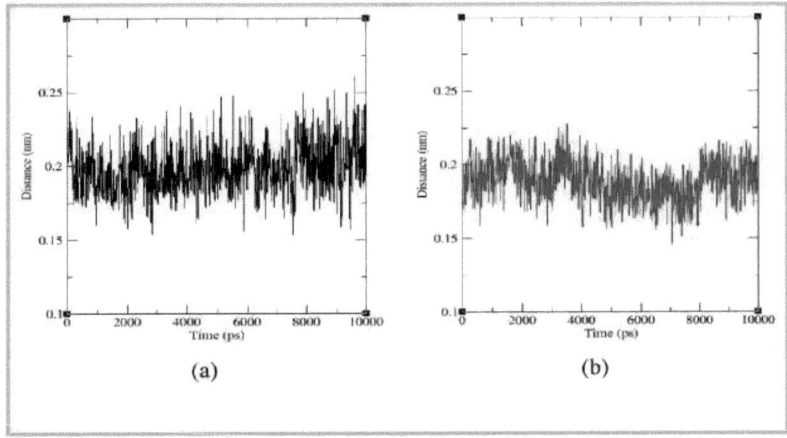

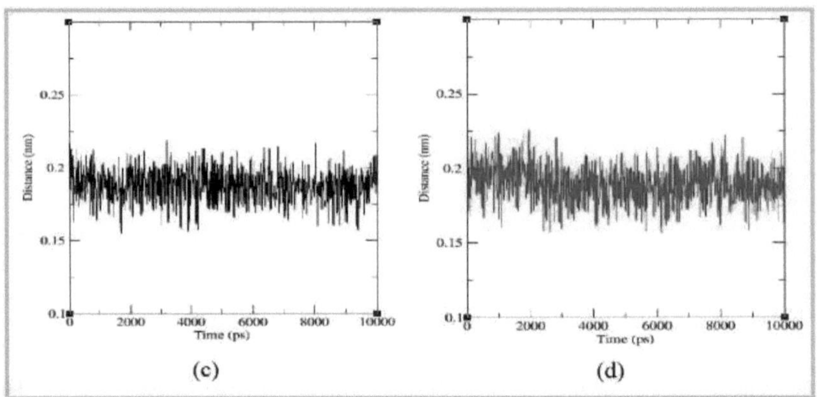

Figura 38. Distância mínima entre os complexos (a) 4MPI-1JII (b) 2OH5PMI-1JII (c) 4MPI-5A5F (d) 2OH5PMI-5A5F (proteína e ligando)

SASA (Área de Superfície Acessível a Solventes)

SASA (Solvent Accessible Surface Area) é um método comummente utilizado para calcular a área de superfície das estruturas proteicas. Este cálculo determina a área de superfície de uma proteína que está mais próxima do seu estado numa solução, reflectindo com precisão as contribuições de aminoácidos polares, apolares e carregados na proteína. A SASA pode ser utilizada para avaliar a hidrofobicidade, a polaridade e outras caraterísticas de uma molécula. Ajuda a compreender vários processos bioquímicos, como a termodinâmica da dobragem de proteínas, as interações proteína-proteína e as interações proteína-ligante [41].

Cálculo da SASA: A SASA é calculada através da determinação das posições de um conjunto de pontos que representam a superfície de uma molécula ou substância. Estes pontos são normalmente equivalentes ao raio de uma molécula de solvente. A área de superfície acessível às moléculas de solvente é calculada como a área entre estes pontos.

Aplicações da SASA: A SASA pode ser aplicada para avaliar as propriedades de moléculas e substâncias. Algumas destas aplicações incluem:

- Avaliação da hidrofobicidade molecular: A SASA pode ser utilizada para avaliar a hidrofobicidade de uma molécula. As moléculas hidrofóbicas tendem a ter uma área de superfície maior que é inacessível às moléculas de solvente.
- Avaliação da polaridade molecular: A SASA pode ser utilizada para avaliar a polaridade de uma molécula. As moléculas polares tendem a ter uma área de superfície mais pequena acessível às moléculas do solvente [42-45].

Finalmente, foram analisadas as alterações na Área de Superfície Acessível ao Solvente (SASA) resultantes da ligação dos ligandos às proteínas, e os resultados relevantes são apresentados na **Figura 39**. As formas não ligadas das proteínas 1JII e 5A5F nos quatro sistemas foram caracterizadas por uma SASA média de 162,80,

163,73, 198,30 e 195,14 nm^2 , respetivamente. Após a complexação com ligandos, os valores SASA foram calculados como 160,09 (4PMI-1JII), 160,19 (2OH5PMI-1JII), 197,66 (4PMI-5A5F) e 194,49 (2OH5PMI-5A5F) nm2, respetivamente. Como observado, os valores de SASA diminuíram ligeiramente em todos os sistemas. A diminuição mais significativa foi observada na estrutura do complexo 2OH5PMI-1JII, sugerindo um possível efeito de compactação nas proteínas devido à ligação do fármaco. Especula-se também que as interações entre os resíduos hidrofílicos das proteínas podem contribuir para as alterações observadas na SASA. Estes resultados ajudam-nos a compreender melhor como a ligação do ligando às proteínas pode afetar as alterações estruturais das proteínas [46].

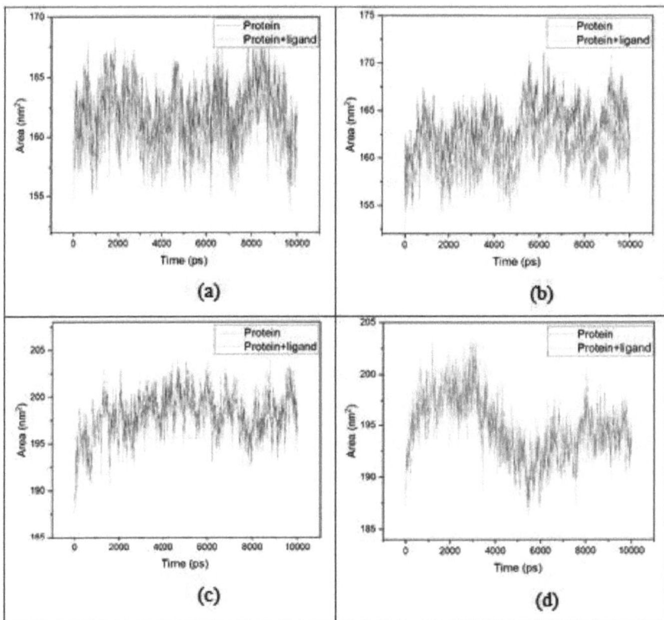

Figura 39. Área de superfície acessível ao solvente da proteína livre e estruturas complexas (a) 4PMI-1JII (b) 2OH5PMI-1JII (c) 4PMI-5A5F (d) 2OH5PMI- 5A5F

Conclusões

Neste estudo, a modelação molecular dos compostos 2,2'-(1,3-diazetidina-1,3-diil)bis(N'-((E)-1-(4-bromociclohexil)etilideno)acetohidrazida) e N'-((E)- 1-(5-bromo-2-hidroxifenil)etilideno)-2-(3-(2-(2-((E)-1-(3-bromo-6- hidroxiciclohex-2-en-1-il)etilideno)hidrazineil)-2-oxoetil)-1,3-diazetidin- 1-yl)acetohidrazida foi efectuada utilizando o método DFT (Density Functional Theory) e a abordagem B3LYP. Estas simulações foram efectuadas através do programa Gaussian 09W, tendo sido calculadas uma série de propriedades moleculares. Estes cálculos incluíram as energias totais das moléculas, comprimentos de ligação, ângulos de ligação, densidades de carga atómica, orbitais moleculares mais altas ocupadas e mais baixas desocupadas (HOMO e LUMO) e respectivas energias, potencial eletrostático molecular (MEP), valores da densidade de estados das partículas (PDOS) e da densidade total de estados (TDOS).

Estes valores calculados foram utilizados para identificar os locais activos dos ligandos. Constituíram a base para determinar quais os átomos que poderiam desempenhar papéis nucleofílicos e electrofílicos nas interações ligando-recetor. Os estudos de docagem molecular confirmaram que estes locais activos desempenhavam um papel crucial na ligação dos ligandos ao recetor.

Além disso, realizámos investigações mais pormenorizadas sobre as interações destes compostos com proteínas utilizando simulações de dinâmica molecular. As simulações de dinâmica molecular são um método eficaz para simular os movimentos físicos de átomos e moléculas em condições de temperatura e pressão. Estas simulações ajudam-nos a compreender as interações entre os compostos e os receptores, as durações das interações e as propriedades termodinâmicas. Esta informação permite-nos compreender melhor a forma como os ligandos se ligam aos receptores e como ocorrem as interações.

Este estudo fornece dados significativos que podem contribuir para o desenvolvimento e otimização de potenciais candidatos a medicamentos antibacterianos concebidos através da combinação de estudos experimentais e teóricos.

Referências

[1] Beyer, H. (1980). Lehrbuch der Organischen Chemie, S. Hirzel Verlag, 18. Auflage, Stuttgart 174-177.

[2] Brown, W.H. (1995). Química Orgânica, Saunders College Publishing, 674675.

[3] Solomons, T.W. ve Frthle, C. (2002). Organik Kimya. Literatur Yayincilik, istanbul, 1258s.

[4] Cozzi, P.G. (2004). Complexos de base de Schiff metal-salen em catálise: aspectos práticos, Chemical Society Revviews, 33, 410.

[5] Hania Majed M (2009) Synthesis of Some Imines and Investigation of their Biological Activity E-Journal of Chemistry, 6(3), 629-632.

[6] Karakaya I, Karabuga S., Ulukanli Z. e Ulukanli S. (2013) Síntese e avaliação antifúngica de iminas derivadas de 3-Amino-2-isopropil-3H- quinazolin-4-ona Org. Commun. 6:4; 139-147 .

[7] Sui G., Xu D., Luo T., Guo H., Sheng G., Yin D., Ren L., Hao H., Zho W.,(2020) Conceção, síntese e atividade antifúngica de derivados de amida e imina contendo uma porção de kakuol, Bioorganic & Medicinal Chemistry Letters,**30:** 126774-26779.

[8] G.Q. Sui, Song X., Zhang B., Wang Y., Liu R., Guo H., Wang J., Chen Q., Yang X., Hao H., Zhou W. *(2019)* , Design, síntese e avaliação biológica de novos análogos de neuchromenin como potenciais agentes antifúngicos, Eur J Med Chem, 173, 228-239.

[9] Lopez-Jacome L. E., Rengel-Garcia C. R.,, Hemandez-Duran M., Colm-Castro C., Adriana, Garda-C.Ro.Franco-Cendejas R. (2019), "Um teste alternativo de difusão em disco em caldo e método de macrodiluição para a suscetibilidade à colistina em Enterobacteriales" Journal of Microbiological Methods, 167, 105765,

[10] M. Gokge, S. Utku, E. Kupeli, (2009) Síntese e actividades analgésicas e anti-inflamatórias de derivados de hidrazona de 6-substituídos-3(2H)-piridazinona-2-acetil-2- (benzal psubstituído/não substituído): Jornal Europeu de Química Medicinal 443760-3764

[11] Karakurt T, Ozbek N. (2022) New imine derivatives; microbial activity and dft calculation, LAP Lambert Academic Publishing.

[12] Kaya B., Ozkay Y. Temei,H. E., Kaplancikli Z. A., (2016) Síntese e Avaliação Biológica de Novos Derivados de Hidrazona Contendo Piperazina, Hindawi Publishing Corporation Journal of Chemistry Volume 2016, , 7 páginas http://dx.doi.org/10.1155/2016/5878410

[13] Sanad, S. M. H.; Abdelsalam, A. A. M.; Gamal Eldin, A. A.; Abdelfattah, E. H.; Hussein, F. R. M.; Mohammed, N. G.; Taha, N. A. S.; Mekky, A. E. M. (2023) , Síntese de Novos Bis(Pirazolo[1,5-a]Pirimidinas) Ligados a Diferentes Espaçadores como Potenciais Inibidores de MurB. Chem. Biodivers. DOI: 10.1002/cbdv.202300546.

[14] Mekky, A. E. M.; Taha, N. A. S.; Mohammed, N. G.; Hussein, F. R. M.; Abdelfattah, E. H.; Gamal Eldin, A. A.; Abdelsalam, A. A. M.; Sanad, S. M. H. (2023), Desenvolvimento de Agentes Antibacterianos à Base de Pirazolo[1,5-a]Pirimidina. Synth. Commun. 53, 1053- 1068.

[15] P.A. Wayne, Comité Nacional para as Normas de Laboratório Clínico, Norma aprovada M27, 1997.

[16] Rahman A.-U. Choudhary, M.I., T homsenW.J., Bioassay Techniques for Drug Development, vol. 22, Harwood Academic Publishers, Países Baixos, 2001.

[17] Frisch, M., Trucks, G., Schlegel, H.B., Scuseria, G., Robb, M., Cheeseman, J., Scalmani, G., Barone, V., Mennucci, B. e Petersson, G. (2009). Gaussian 09, revisão a. 02, gaussian. Inc., Wallingford, CT, 200.

[18] Foresman, J.B. e Frisch, A. Exploring chemistry with electronic structure methods: a guide to using Gaussian. 1996.

[19] Becke, A.D. Termoquímica funcional da densidade. III. O papel da troca exacta. The Journal of chemical physics, 98 (1993) 5648-52.

[20] Lee, C., Yang, W. e Parr, R.G. Desenvolvimento da fórmula da energia de correlação de Colle-Salvetti num funcional da densidade eletrónica. Physical review B, 37 (1988) 785.

[21] Biovia, D.S. (2018). Visualizador do Discovery Studio. San Diego, CA, EUA

[22] O. Trott, A. J. Olson, AutoDock Vina: melhorando a velocidade e a precisão da ancoragem com uma nova função de pontuação, otimização eficiente e multithreading, Journal of Computational Chemistry. 31 (2010) 455-461.

[23] Dallakyan, Sargis, e Arthur J. Olson. "Triagem de biblioteca de pequenas moléculas por acoplamento com PyRx. " Biologia química: métodos e protocolos (2015): 243-250.

[24] Van Der Spoel, David, et al. "GROMACS: rápido, flexível e gratuito". Journal of computational chemistry 26.16 (2005): 1701-1718.

[25] Ramsey, S., Nguyen, C., Salomon-Ferrer, R., Walker, R. C., Gilson, M. K., & Kurtzman, T. Solvation thermodynamic mapping of molecular surfaces in AmberTools: (2016) GIST.

[26] Stewart, James JP. "Aplicação do método PM6 para modelar o estado sólido". Journal of molecular modeling 14 (2008): 499-535.

[27] Karakurt, T., Cukurovali, A., Subasi, N. T., Onaran, A., Ece, A., Eker, S., & Kani, I. (2018). Estudos experimentais e teóricos sobre estruturas tautoméricas de um difenol 2, 2' (hidrazina-1, 2-diilidenobis (propan-1-il-1-ilideno)) recentemente sintetizado. Chemical Physics Letters, 693, 132-145.

[28] Karakurt, T. (2018). N'-(2, 5 Dihidroksibenziliden)-2-Hidroksi-3-Metilbenzohidrazida BilesigininaTautómero Yapisinina Teorik Olarak incelenmesi. Suleyman Demirel Universitesi Fen Bilimleri Enstitusu Dergisi, 22,

257-262.

[29] Politzer, P, Concha, M.C., Murray, J.S., 2000. Estudo funcional da densidade de dímeros de dimetilnitramina. Revista Internacional de Química Quântica, 80 (2), 184-192.

[30] Fleming, I., 2009. Molecular Orbitals and Organic Chemical Reactions, John Wiley& Sons Ltd., 113p., Reino Unido

[31] Fukui, K., 1982. O papel das orbitais de fronteira nas reacções químicas. Ciência, 218, 747-754

[32] Sidir, I., Sidir, Y.G., Kumalar, M., Tasal, E. J. Mol.Struct. 134 (2010) 964.

[33] K. Jug, Z.B. Maksic, em: Modelo Teórico de Ligação Química, Ed. Z.B. Maksic, Parte 3, Springer, Berlim 1991, p. 29, p. 233.

[34] S. Fliszar, Charge Distributions and Chemical Effects, Springer, Nova Iorque 1983.

[35] Levine, I. N. (1999). Química Quântica (5ª ed.). Prentice Hall.

[36] Parr, R. G., & Yang, W. (1989). Density-Functional Theory of Atoms and Molecules (Teoria Funcional da Densidade de Átomos e Moléculas). Oxford University Press.

[37] C. Selvaraj, S.K. Singh, Validação de potenciais inibidores para SrtA contra Bacillus anthracis por abordagem combinada de simulação de dinâmica molecular e baseada em ligandos, Journal of Biomolecular Structure and Dynamics 32(8) (2014) 1333-1349.

[38] Er, M, Erguven, B,. Tahtaci, H., Onaran, A., Karakurt, T., Ece, A. Síntese, caraterização, SAR preliminar e estudo de ancoragem molecular de alguns novos derivados de imidazo [2, 1-b] [1, 3, 4] tiadiazol substituídos como agentes antifúngicos, Pesquisa em Química Medicinal 26 (3) (2017) 615-630.

[39] Astuti, A. D., Refianti, R.,& Mutiara, A. B. Dinâmica molecular simulação em proteínas usando GROMACS. Int J Comput Sci Inf Security. 9 (2011) 16-20.

[40] Essmann, U., Perera, L., Berkowitz, M. L., Darden, T., Lee, H., & Pedersen, L. G. (1995). Um método de Ewald de malha de partículas suaves. The Journal of chemical physics, 103(19), 8577-8593.

[41] Lee, B., & Richards, F. M. (1971). A interpretação das estruturas proteicas: estimativa da acessibilidade estática. Journal of molecular biology, 55(3), 379400.

[42] Shrake, P. J., e Rupley, J. A. (1973). "Papel da ligação hidrofóbica na estrutura e função da proteína. " Annu. Rev. Biochem. 42, 415-448.

[43] Lee, Y. T., e Richards, F. M. (1971). "A interpretação das estruturas proteicas: Estimativa da acessibilidade estática". J. Mol. Biol. 55, 379-400.

[44] Allen, M. P., e Tildesley, D. J. (1987). Computer Simulation of Liquids. Oxford University Press.

[45] Frenkel, D., e Smit, B. (2002). Understanding Molecular Simulation.

Academic Press.
[46] Farhadian, S., Heidari-Soureshjani, E., Hashemi-Shahraki, F., Hasanpour-Dehkordi, A., Uversky, V. N., Shirani, M., ... & Hadi-Alijanvand, S. (2022). Identificação de alvos terapêuticos de superfície SARS-CoV-2 e medicamentos usando métodos de modelagem molecular para inibição da entrada do vírus. Jornal de Estrutura Molecular, 1256, 132488.

Printed by Books on Demand GmbH, Norderstedt / Germany